SUPERサイエンス

「電気」という物理現象の不思議な科学

名古屋工業大学名誉教授
齋藤勝裕 Saito Katsuhiro

C&R研究所

■本書について

● 本書は、2023年6月時点の情報をもとに執筆しています。

■「目にやさしい大活字版」について

● 本書は、視力の弱い方や高齢で通常の小さな文字では読みにくい方にも読書を楽しんでいただけるよう、内容はそのままで文字を大きくした「目にやさしい大活字版」を別途販売しています。

通常版の文字サイズ		大活字版の文字サイズ
あ い う え お	→	あ い う え お

お求めは、お近くの書店、もしくはネット書店、弊社通販サイト 本の森.JP（https://book.mynavi.jp/manatee/c-r/）にて、ご注文をお願いします。

●本書の内容に関するお問い合わせについて

この度はC&R研究所の書籍をお買いあげいただきましてありがとうございます。本書の内容に関するお問い合わせは、「書名」「該当するページ番号」「返信先」を必ず明記の上、C&R研究所のホームページ（https://www.c-r.com/）の右上の「お問い合わせ」をクリックし、専用フォームからお送りいただくか、FAXまたは郵送で次の宛先までお送りください。お電話でのお問い合わせや本書の内容とは直接的に関係のない事柄に関するご質問にはお答えできませんので、あらかじめご了承ください。

〒950-3122　新潟市北区西名目所4083-6
株式会社C&R研究所　編集部
FAX 025-258-2801
『SUPERサイエンス 「電気」という物理現象の不思議な科学』サポート係

はじめに

電気とは何でしょう？　毎日の生活で電気を使わない日はありません。明かりを付け、テレビを見るのはもちろん、電子レンジやスマホ、歯磨き、トイレも電気がないと使えません。

これほどお世話になっている電気ですが、電気を見たことのある人はいるのでしょうか？　雷は電気が起こした現象であって、電気そのものではありません。電池は電気を作る道具であって電気ではありません。蓄電池、二次電池は電気を貯めておく道具ですが、蓄電池を分解して探しても、どこにも電気はありません。

川は水を流し、川に行けば水流を見ることが出来ます。導線は電気を流しますが、電流を見ることはできません。電流とは何でしょう？

本書はこのように、身近でありながら、エタイのしれないもの「電気」を考えてみようという本です。電気は何でしょう？　電気はどうやって作るのでしょう？　原子力発電とは何でしょう？　太陽電池とは何でしょう？　超電導とは何でしょう？　磁性とは何でしょう？　オーロラはなぜ起こるのでしょう？　電気はどうやって貯蔵するのでしょう？

さあ、本書を開いてみてください。電気がもっと身近になることでしょう。

2023年6月

齋藤勝裕

CONTENTS

はじめに……3

Chapter 1 電子と電気

01 電気とは何か？……10
02 電気は電子の移動……15
03 結合と伝導性……20
04 温度と伝導度……24
05 超伝導性……26
06 有機伝導体……30
07 有機超伝導体……35

CONTENTS

Chapter 2 電子の存在と原子論

08 電子と原子 …… 44

09 近代の原子構造 …… 47

10 量子化とは …… 50

11 原子の電子構造 …… 57

12 化学結合 …… 63

Chapter 3 自然界の電気現象

13 雷の発電機構 …… 70

14 電気ウナギの発電機構 …… 73

15 イオン濃淡電池 …… 77

16 神経細胞の情報伝達 …… 80

17 味蕾細胞の電位変化 …… 84

Chapter 4 化学電池

18 金属のイオン化 …… 90
19 ボルタ電池 …… 95
20 一次電池と二次電池 …… 100
21 リチウムイオン二次電池 …… 106
22 全固体電池 …… 112

Chapter 5 再生可能発電

23 古典的再生可能発電 …… 120
24 太陽エネルギー発電 …… 124
25 地球の熱エネルギー発電 …… 130
26 月の引力発電 …… 134
27 生物エネルギー発電 …… 137

CONTENTS

Chapter 6 原子力発電の今後

28 現在の原子力発電 …… 144
29 原子力発電所事故 …… 151
30 福島原発事故 …… 155
31 高速増殖炉 …… 158
32 トリウム原子炉 …… 163
33 核融合炉 …… 168

Chapter 7 電気と磁気

34 電子と磁気モーメント …… 172
35 磁化ヒステリシス …… 176
36 有機磁性体 …… 179
37 地球磁場 …… 182

Chapter 8
未来の電気技術

38 宇宙空間発電 ………… 188
39 無線電力輸送 ………… 196
40 高温超伝導 ………… 200
41 高速大容量蓄電池 ………… 202
42 スマートシステム ………… 211
●索引 ………… 214

Chapter. 1
電子と電気

SECTION 01

電気とは何か?

電気という現象は、現在の私たちにとっては極めて重要で、同時に極めて馴染みの深い現象です。しかし、歴史的にみたら電気という現象を意識したのは極めて新しいのではないでしょうか?

日本を例にとったら、電気現象の中で、変わった現象として意識されていたのは「雷・稲妻」くらいでしょう。稲妻といったら有名なのは日蓮聖人の例で、1271年、鎌倉幕府の命によって江の島の近くの龍ノ口で斬首されようとしましたが、介錯人が刀を振

り下ろそうとした、まさにその時に雷が刀に落ち、刀が真っ二つに折れたと一般に語られています。

しかし、史実によれば、雷が落ちたのではなく、空が明るく輝いたので、介錯人が驚いて介錯を止めたということになっています。天文学によればちょうどその時、エンケ彗星が日本上空にあり、多数の流れ星が観測されたことが明らかになっていますから、この有名な雷現象も、電気現象ではなく、天体力学の現象のようです。従って、雷や落雷も火事に結び付いた例くらいで、「雷様」という神様によるもの、くらいの認識に過ぎなかったようです。

世界的に見れば、もう少し例があり、雷に加えて、電気ウナギ、電気ナマズによる感電などがあったようです。18世紀ころになっての話ですが、光る球体が部屋を動き回る球電現象の目撃談が現れてきます。

静電気

私たちの電気現象で最も身近な例は静電気ではないでしょうか。冬、ドアノブに触れたときのあの音と感触、何度経験しても嫌なものです。お風呂に入ろうと衣服を脱いだ時の、あの衣服同士の引っ付きよう、バチバチという音、いい加減にしてくれと言いたくなります。

それだけならまだしも、あの時の起こる火花によって炭鉱や小麦粉工場で粉塵爆発が起きて大災害に結びついたり、ガソリンスタンドで爆発火災が起きたりしたのでは大変なことです。

静電気の発生機構

静電気はなぜ発生するのでしょう？　極めて簡単な機構です。全ての物質は原子でできており、全ての原子は、1個のプラスに荷電した原子核と、多数個のマイナスに荷電した電子からできています。そして、原子には電子を放出してプラスになりやすい物(例えばAとしましょう)、反対に電子を引きつけてマイナスに荷電しやすい物(例えばBとしましょう)があります。

この、プラスになりやすい物(A)と、マイナスになりやすい物(B)をくっつけてこすり合わせたらどうなるでしょう？　Aの電子はBに移動してAはプラス、Bはマイナスに荷電します。

何かの機会にAとBが接したらどうなるでしょう？ Bに溜まっていた電子は急遽Aに移動します。つまりショートが起きます。大量の電気が短時間に移動するのです。そのエネルギーで、熱、光、音が起こります。これが一般にいう静電現象、静電気です。

❶帯電列

ということで、どういう物質がAの性質をもち、どういう物質がBの性質を持つかはわかっています。それを並べたものを帯電列といいます。

図の右にあるものほどプラスになりやすく、左にあるものほどマイナスに帯電しやすいです。つまり、帯電列で並んでいる物は互いにこすっても大した帯電は起こ

●帯電列

マイナスになりやすい ←　→ プラスになりやすい

(＋)
アスベスト
人毛・毛皮
ガラス
雲母
羊毛
ナイロン
絹
レーヨン
木綿
麻
木材
紙
エボナイト
金・銅・鉄・アルミ
ゴム
ポリエステル
アクリル(繊維)
塩化ビニル
テフロン
シリコン
(－)

りませんが、互いに離れている場合には大きな帯電が起こります。

❷放電

2つの物質の間に静電気がたまっても、それぞれに導電性のもの、例えば導電性のある水が付着すれば、静電気はその水を通じて空気中の湿気に流れていきます。その結果、あの嫌なバチッはおきないことになります。

昔は自動車のタイヤは電気を通さないゴム製でした。ですから自動車内に静電気がたまり、それがガソリンスタンドの機器に放電して、爆発につながることがありました。そのため、ガソリンを運ぶタンクローリーなどは鉄製の鎖(チェーン)を垂らして地面をこすり、地面に静電気を流していました。しかし、現在のタイヤは導電性のゴム製になっているので、鎖は必要無くなっています。

SECTION 02

電気は電子の移動

先ほどの静電気で見たように、電子には一カ所にとどまらず、ほかの場所に移動する性質があります。電子の移動、流れを電流といい、電流が引き起こす現象を電気といいます。電子がA地点からB地点に移動したとき、電流は反対にBからAに流れたといいます。なぜ、電子の移動方向と電流の方向が反対になっているのかは電子の電荷がマイナスだからだという説もあるようですが、歴史的なことで、はっきりしていないといいます。

電圧・電流

電流は川の流れのようなものであり、川の流量が電流（記号A）に相当します。そしてA地点とB地点の間の高さの差、つまり位置エネルギーに相当するのが、電圧（記号

V）になります。つまり、高低差が大きいほど、電圧が大きいほど、川の流れは激しくなります。高低差の大きい地点を大量の水が流れれば、その川の行う仕事量（つまり電力W）は大きくなります。これがAとVの積はWに等しいので、「AV=W」ということになります。

電子移動とエネルギー

原子を構成する電子は電子殻に入っていますが、この電子も他の電子殻に移動することがあります。電子が原子内の電子殻や軌道の間を移動することを特に遷移《せんい》といいます。

例えば、図のような電子配置の原子において、最外殻（量子数n）に入っていた電子が、そ

●基底状態と励起《れいき》状態

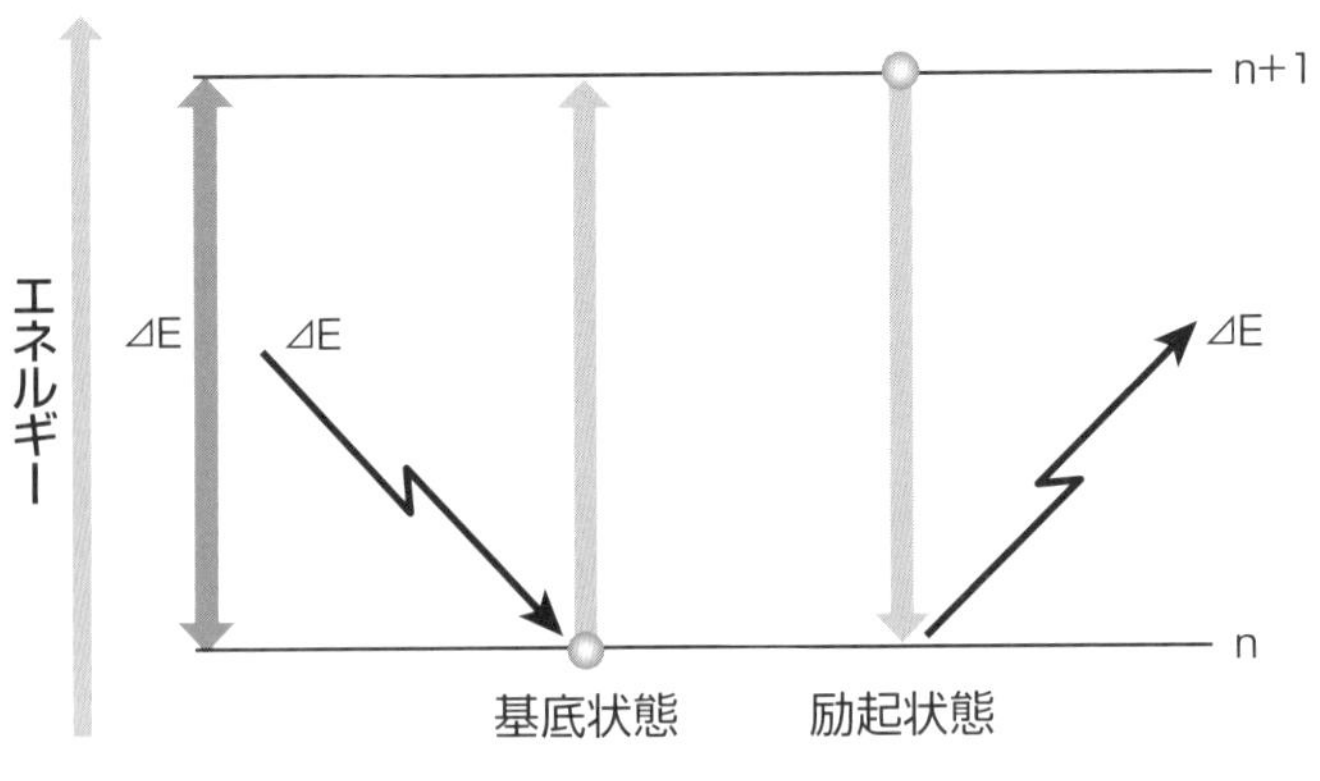

の電子殻間のエネルギー差ΔEに相当するエネルギーをもらって、量子数n+1の電子殻に遷移したとしましょう。このとき、元の、遷移する前の低エネルギー状態を基底状態、遷移した後の高エネルギー状態を励起《れいき》状態といいます。

一般に励起状態は不安定なので、余分なエネルギーΔEを放出して、元の基底状態に戻ります。最初にもらったエネルギーΔEを電気スパークによる電気エネルギーとしましょう。そして、後で放出したエネルギーΔEを光エネルギーとしましょう。するとこの図式は電気エネルギーを光に変えた発光の原理を示すことになります。

最も簡単にこの図式にあう発光は水銀灯や

●水銀とネオンの発光の色

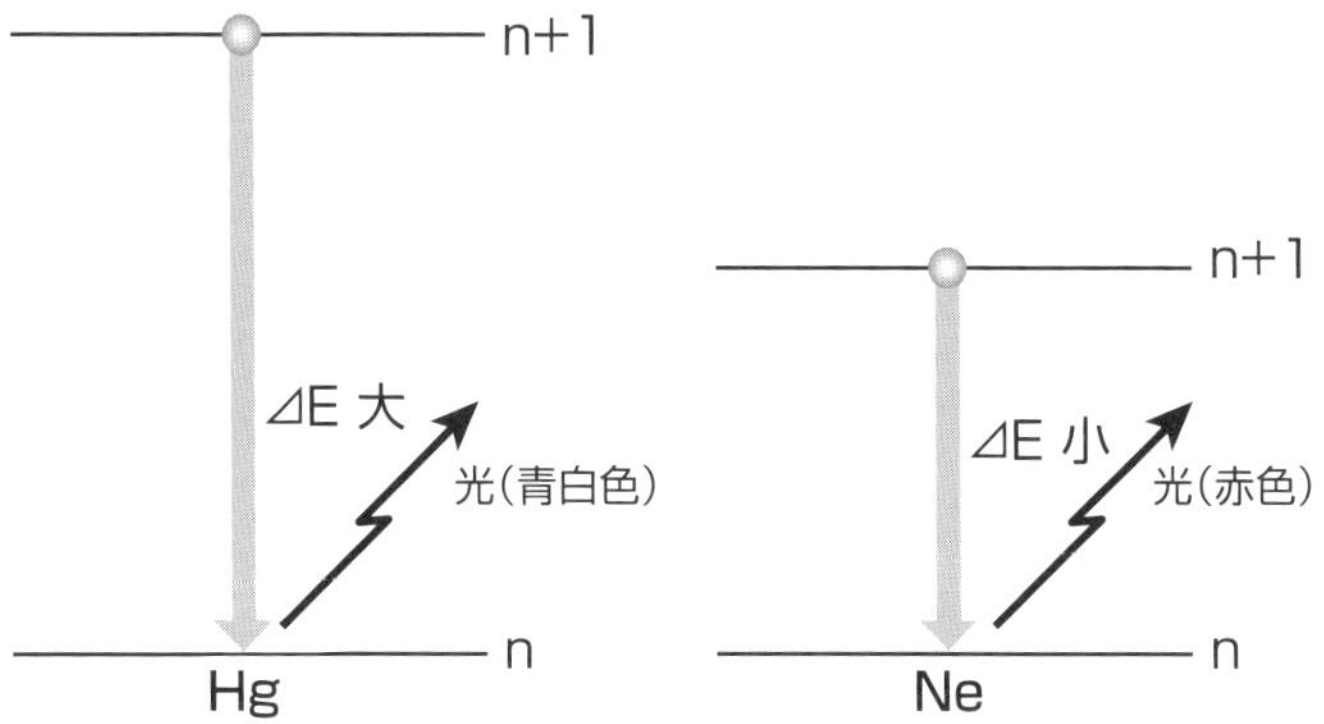

ネオンサインの発光です。図の原子が水銀Hgなら水銀灯の青白い発光、原子がネオンNeならネオンサインの赤い発光ということになります。

発光の色とエネルギー

❶電磁波の名前

光は電波と同じ電磁波の仲間であり、エネルギーEと波長λ(ラムダ)、振動数ν(ニュー)を持ちます。エネルギーは「$E=h\nu=hc/\lambda$(h：プランクの定数、c：光速)」であり振動数に比例し、波長に反比例します。つまり、波長が長いと低エネルギー、波長が短いと高エネルギーで生体に害を与えます。紫外線に照射されると皮膚障害が起こるのはそのためです。

❷光の色とエネルギー

図は電磁波の名前と波長の関係を表したもので、波長200～800nmの電磁波を可視光、それより短いと紫外線、長いと赤外線、赤外線より更に長いと電波と呼ばれ、人間の目には見えません。

可視光には虹の七色の光が全部入っており、波長が短い、すなわち紫の光が高エネルギーであり、波長が長い赤い光が低エネルギーとなっています。

❸ 水銀灯とネオンサイン

原子が発光する光でも、水銀灯の光は青白く（高エネルギー）、ネオンサインの光は赤い（低エネルギー）なのはなぜでしょう？ 先の図は両原子のエネルギー関係を表したものです。水銀の電子殻のエネルギー間隔は、ネオンのエネルギーより大きくなっています。そのために遷移に伴って出入りするエネルギーもネオンより大きくなります。その結果、水銀から出る光は大エネルギーを持つから青白くなり、ネオンの場合には少エネルギーなので赤くなるのです。

●光の色とエネルギー

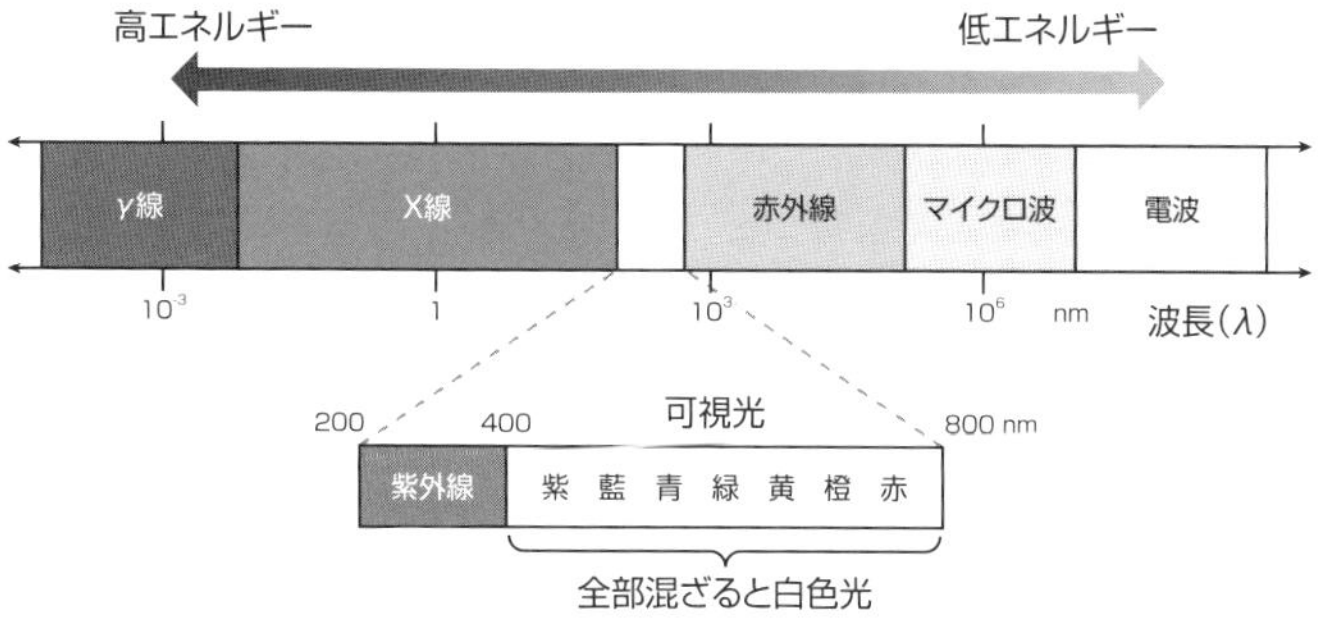

SECTION 03

結合と伝導性

物質には電気を通す物と通さない物があります。電気を良く通す金属などを良導体、電気を通さないガラスなどを絶縁体、少しは通すがあまりよく通さないシリコン（ケイ素）Siやゲルマニウム Geを半導体といいます。物質がどの程度電気を通すかを表した数値を伝導率といい、伝導率の逆数を抵抗率といいます。

いくつかの物質の伝導率を図に示しました。図の上部の物質は金属などですが、下部は高分子です。金属で伝導率の高いのは銀Agや銅であり、高分子で高いのは、不純物（ドーパント）を加えて伝導状態にしたときの数値です。

●物質の伝導率

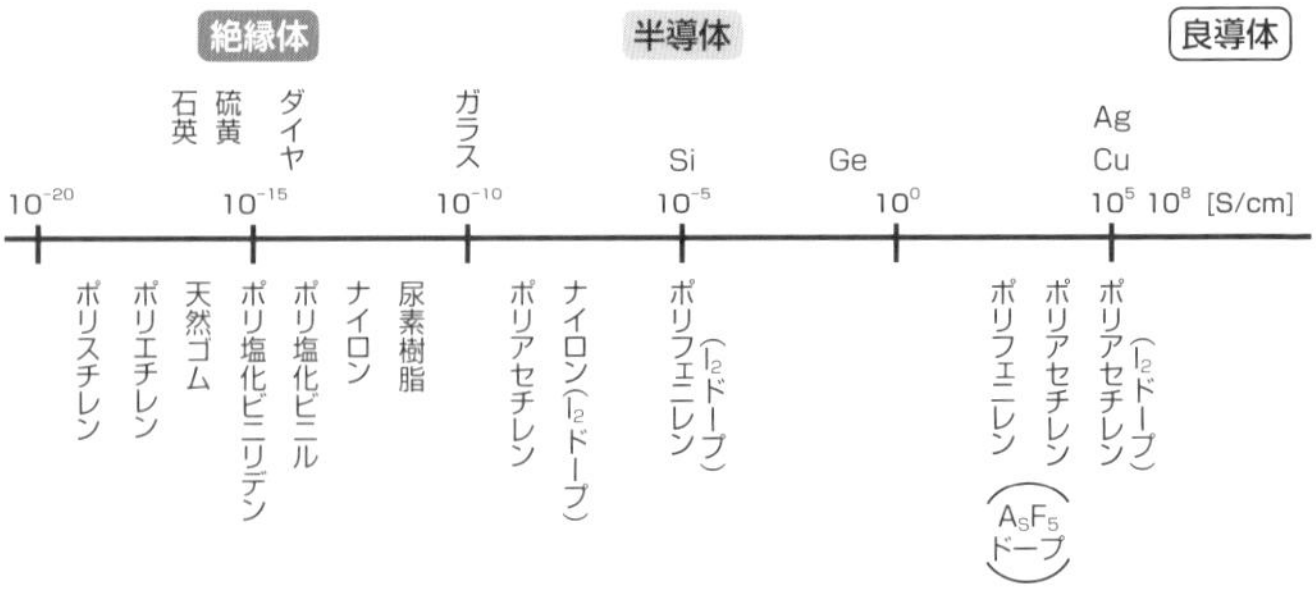

金属の伝導度

金属の伝導度が高いのは金属結合に理由があります。金属原子Mは金属結合をするときに、n個の価電子を自由電子として外し、自身は金属イオンM^{n+}となります。金属イオンは結晶として積み重なり、自由電子はその周囲を動きまわります。

金属に電子を動かす力、電圧が掛かると自由電子はその電圧を感じて結晶内を移動することになります。これが電流です。ですから金属は電流を流す良導体なのです。

●金属結合の様子

$$M \rightarrow M^{n+} + ne^{-}$$

金属原子　金属イオン　自由電子

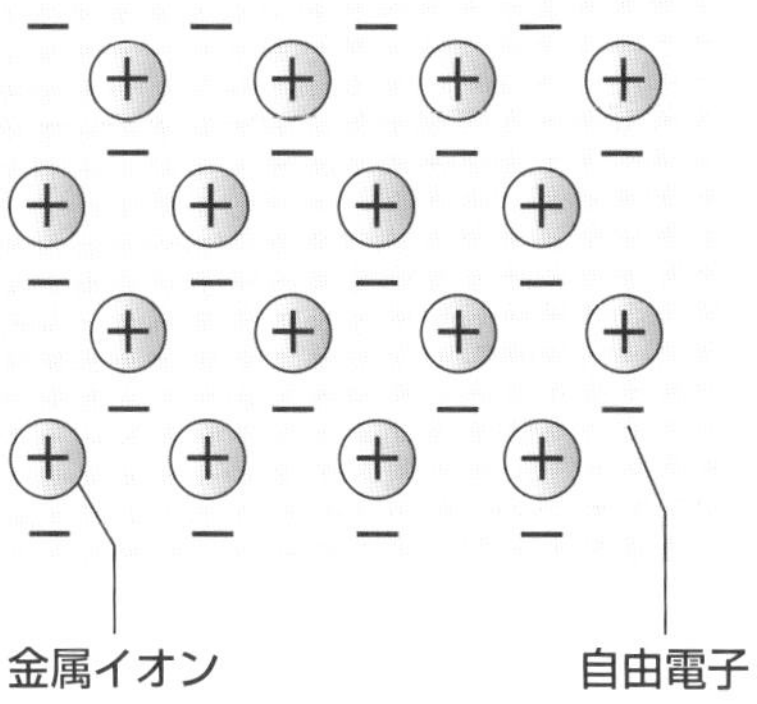

共有結合の伝導度

それに対して有機物などの分子は共有結合でできています。共有結合では結合を構成する2個の結合電子は2個の原子核に共有され、ガッチリと束縛され、動くことはできません。そのため、有機物のような共有結合でできた物質は電気を通さない絶縁体なのです。

イオン結合の伝導度

食塩（塩化ナトリウム）NaClはイオン結合でできています。食塩は電気を通すのでしょうか？

これは難しい問題です。というのは状態によって異なるからです。食塩は2種の荷電粒子Na^+とCl^-からできています。どちらかが動けば、電子が動いたのと同じ効果がでるはずですから、電気を通すはずです。問題は食塩の結晶の中でこれらのイオンが移動できるかどうかということです。

先に見たように、食塩結晶、つまり、固体の食塩では、各イオンは結晶格子内の一定位置に固定されており、動くことはできません。ということで、固体の食塩は絶縁体です。

それでは、食塩を加熱して融かす、つまり溶融食塩にしたらどうでしょうか？　食塩は水分の全く無い状態でも融点の８００℃以上に加熱すれば融けて液体状の溶融食塩になります。この状態では、食塩の結晶構造は崩壊し、各イオンは液体状態になって移動の自由度を獲得しています。したがって、この状態ならば、伝導性を持っています。

食塩に伝導性を持たせるもう一つの方法は、食塩を水に溶かす方法です。この場合、各イオンは水分子に包まれて、水中を自由に動くことができます。従って伝導性を持ちます。不純物を含まない純粋の水は、ほとんど電気を通さない絶縁体ですが、ここに手でも入れようものなら、手の表面に付着している塩分が溶けて、水は直ちに導電体になります。

SECTION 04

温度と伝導度

結晶金属では、積み重なった金属イオンの周囲を自由電子が動くことによって伝導性が出現することをみました。それでは、金属の温度を変えたら、伝導度はどのように変化するのでしょうか?

金属の温度と伝導度

全ての物体は温度が上がるとそれを運動エネルギーとして利用し、運動が激しくなります。固体金属の温度を上げたら、結晶を作る金属イオンの熱振動が激しくなります。すると、その脇をすり抜ける自由電子の動きはどうなるでしょうか?

例えば小学校の教室で、先生が子供たちの座る机の脇を歩きながら話をしていると思ってください。子供たちが行儀よく話を聞いてくれたら、先生は誰に邪魔されることもなくスイスイと脇を通ることができます。

しかし、子供たちが飽きてきて、手を出したり、足を出したりするようになったら、それに邪魔されて通りにくくなります。自由電子も同じです。ということで、金属の伝導度は高温で小さく、低温で大きくなります。つまり、温度が低い方が電気は通りやすいのです。

半導体の温度と伝導度

半導体の結合は、金属結合と共有結合の中間のようなものです。半導体が大きな伝導性を獲得するためには、自由度の無い共有結合性電子に自由度を持たせなければなりません。そのためには大きい運動エネルギーが必要です。ということで、半導体の伝導度は温度と共に上昇します。

●自由電子の移動

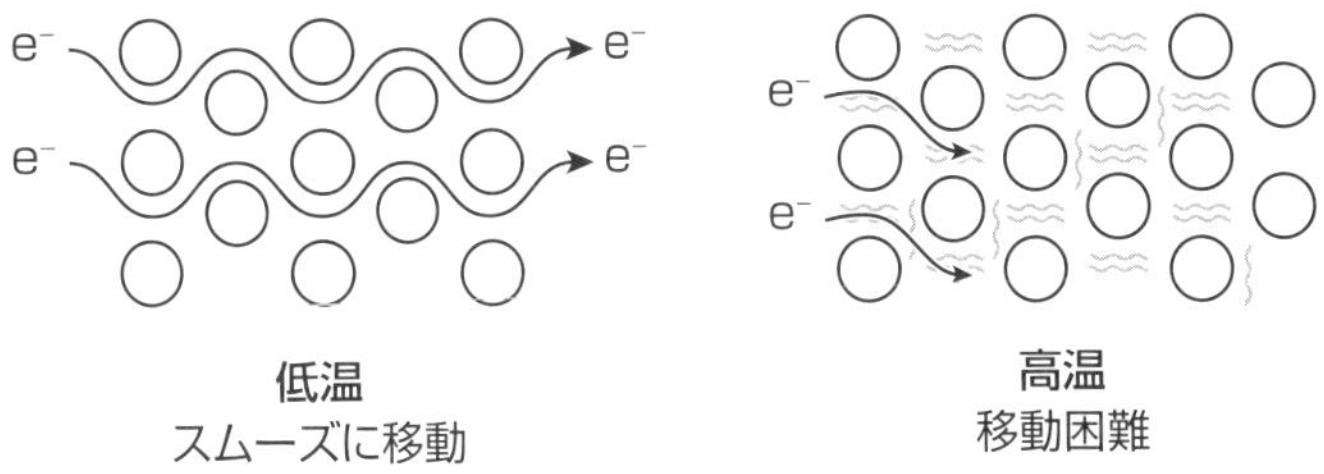

SECTION 05

超伝導性

低温の現象を研究していたオランダの物理学者カマリン・オンネスは、1908年にヘリウムを液体化することに成功しました。ヘリウムの沸点はマイナス268.93℃、絶対温度4.22K（ケルビン）でした。それからオンネスは液体ヘリウムを用いていろいろな金属の液体ヘリウム温度における伝導度を測定しました。その結果、予想もしないような驚くべき現象を発見しました。それを彼は超伝導と名付けました。

水銀の伝導性

オンネスは水銀の温度を下げながら、各温度での水銀の伝導度を測っていました。すでに知られていたように、水銀の温度が下がるにつれて伝導度は順

●カマリン・オンネス

調に上がっていきました。ところが温度がヘリウムの沸点である4・2Kに達した途端、なんと伝導度が突如無限大になったのです。この変化は、変化を表すグラフの曲線が徐々に上を向いて、ついに無限大に達した、という変化ではありませんでした。それまで、曲線を描いて向上していたグラフが突如鋭角を描いて折れ曲がり、垂直に立ち上がったのです。要するに連続的な変化ではなく、不連続な変化でした。

自然界の変化の多くは連続的な変化ですが、たまに不連続な変化もないわけではありません。それは状態変化です。例えば、液体の水が沸騰して気体になる、あるいは凝固して氷になるというような、状態変化、相変化です。水と氷の中間の状態というような状態は存在しません。霙《みぞれ》は水と氷の混じった状態です。

超伝導状態とその利用

このような、伝導度が無限大の状態を超伝導状態とよび、超伝導状態になる温度を臨界温度(Tc)とよびます。いろいろの金属について測定したところ、水銀だけでなく、多くの金属が臨界状態をとることが発見されました。オンネスは臨界状態発見の功績によって1913年にノーベル物理学賞を受賞しました。

超伝導状態の金属にはいろいろの新しい物性が発見されましたが、一番有効だったのはコイルに発熱なしに大電流を流すことができるということだったでしょう。この性質は大容量の電磁石、超伝導磁石を作ることができるということであり、現在も脳の断層写真を撮るMRI、あるいはリニア新幹線を磁石の反発力で浮かせるなど、最新鋭技術に利用されています。

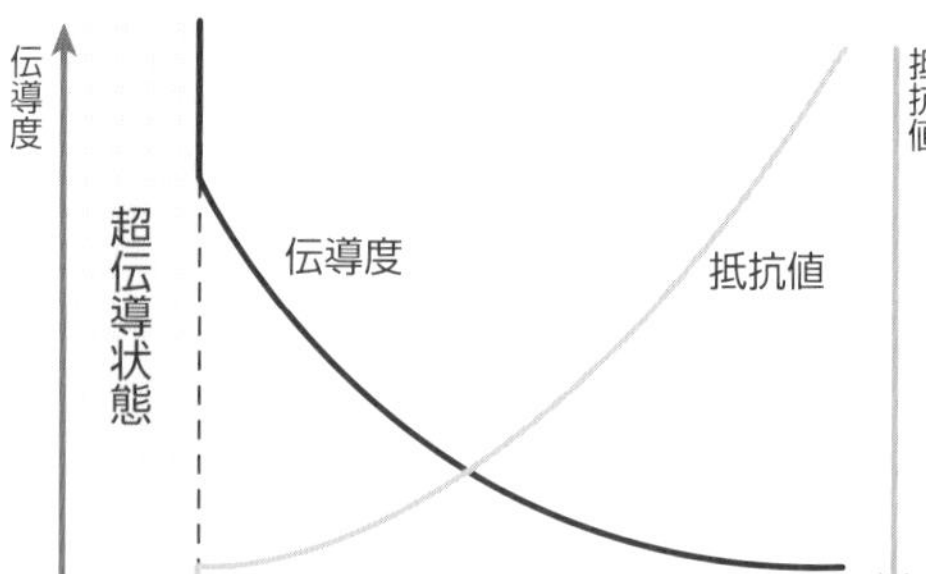

●超伝導状態

臨界温度

しかし、超伝導技術にとっていつまでも問題になるのは臨界温度の低さです。いまだ持って、実用的な超伝導磁石を作るためには液体ヘリウム温度が必要とされています。ヘリウムは日本で産出しないためアメリカやアフリカなどから輸入しなくてはなりません。空気中に0・0005%ほど含まれていますが、これを単離するには電気代がかかりすぎます。ということで、何とか液体空気温度(マイナス190℃)、せめて液体窒素温度(マイナス195・8℃、77K)で超伝導常態にならないものかと研究が続いています。

1980年代に大フィーバーを迎え、それまで20K程度で推移してきたものが一挙に120Kまで上昇し、液体窒素温度を楽に超えたのですが、これはすべてセラミックスの仲間でコイルにすることができないので、電磁石には使えません。何とか、鉄系の合金で臨界温度77Kを超えるものが欲しいと研究が続けられています。

●超伝導体の臨界温度の変遷

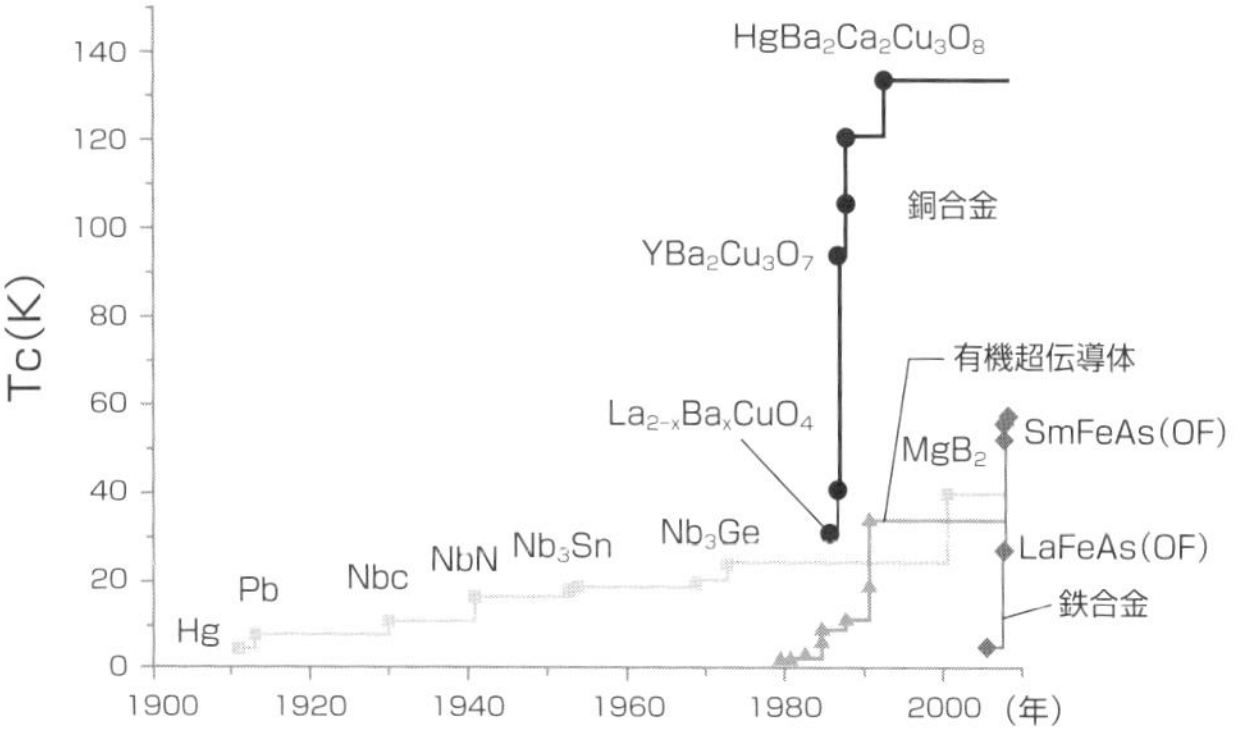

SECTION 06

有機伝導体

先に、共有結合には自由電子が無く、有機物は共有結合でできているので伝導体は無いとお話ししました。しかし、実は共有結合にはいろいろの種類があり、それをうまく使えば伝導性を持った有機物ができるかもしれません。いや、実際にできて、既に実用化されています。

それは導電性高分子といわれるもので、発明者の白川博士は２０００年にノーベル化学賞を受賞しています。

共有結合の種類

共有結合には何種類もあり、分類の仕方によっていろいろの名前がついていますが、一重結合、二重結合、三重結合などがあり、そのほかにσ《シグマ》結合、π《パイ》結合などという分類もあります。一重結合、二重結合はよく聞くと思いますが、σ結合、π結合は初めて聞く方も多いかもしれません。

基本的な結合はσ結合やπ結合なので、そちらから見ていきましょう。共有結合は2個の結合原子A、Bが2個の結合電子を共有する結合ですが、σ結合では2個の(σ)結合電子は2個の結合原子の間に固まって存在します。これを普通、紡錘形で表現します。

それに対してπ結合では2個の(π)結合電子は2個の結合原子A、Bの間に広がって存在します。しかし、この結合電子はσ結合の上下2か所に分かれて存在し、それぞれはいわば半本分しかなく、上下2カ所が揃って初めて1本のπ結合になります。

●共有結合の種類

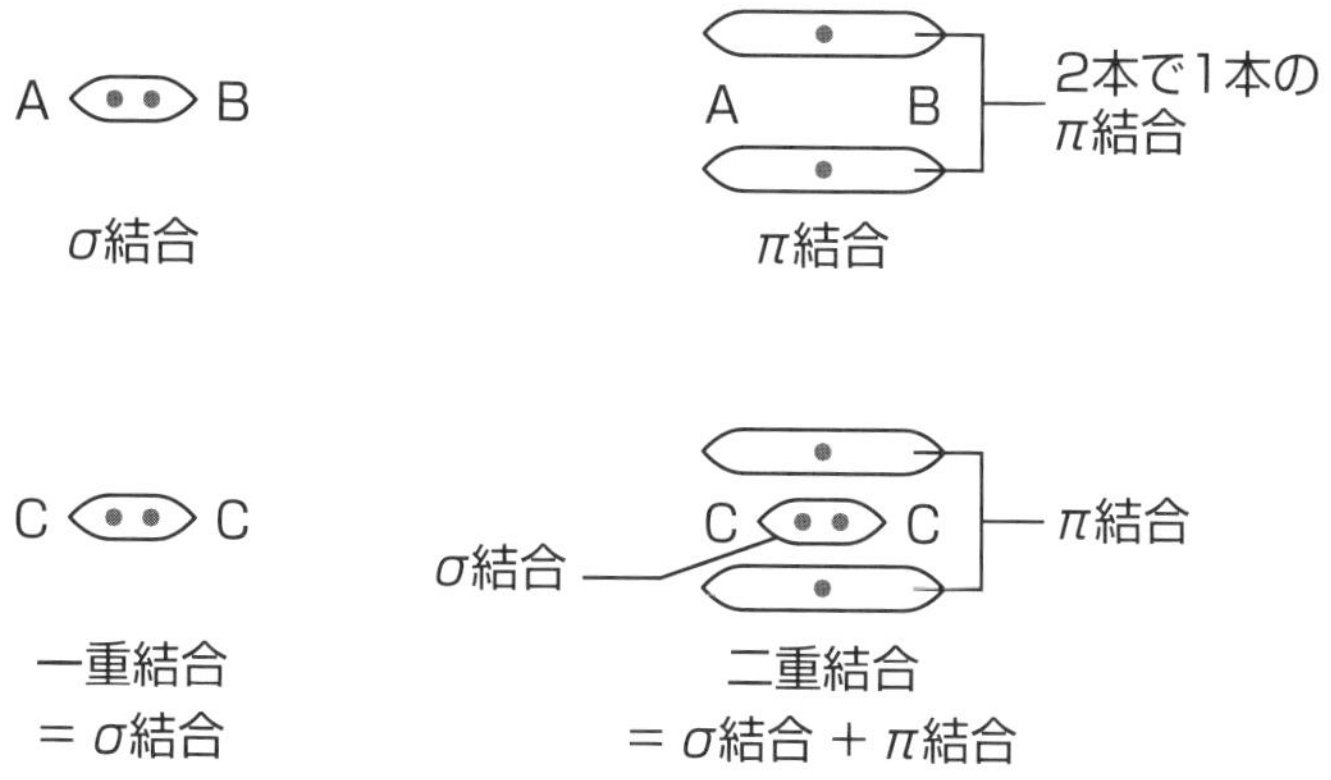

C－C結合の種類

炭素－炭素間の結合でよく知られた一重結合、二重結合は、σ結合、π結合からできた結合の名前です。一重結合はσ結合だけからできた結合、つまり、σ結合そのものです。

それに対して二重結合はσ結合とπ結合で二重に結合した結合です。両方の結合が併存していることがわかると思います。複数個の炭素が一直線上につながった結合で、一重結合と二重結合が一つ置きに連続した結合を全体として共役二重結合といいます。

図の結合では4個の炭素を3本のπ結合で結合していますが、各々のπ結合は端が融合して連続しています。つまり、4個の炭素原子を1本の長いπ結合が連結し、その中に6個のπ電子が存在しています。このように2個以上の炭素の間にひろがったπ結合を特に非局在π結合といい、それに対して

●炭素－炭素間の結合

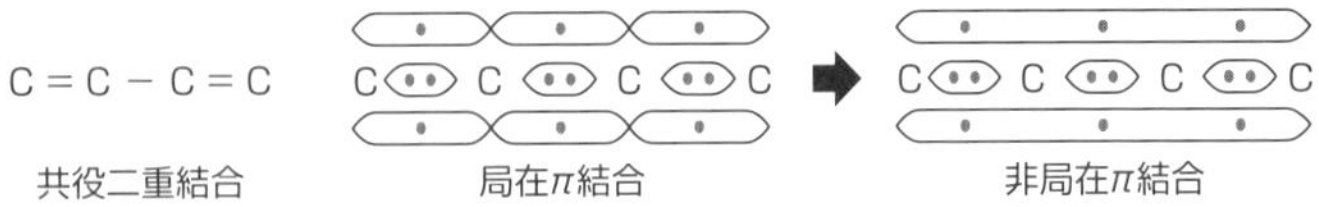

2個の炭素の間に限定されたπ結合を局在π結合といいます。

ポリエチレンとポリアセチレン

高分子で有名なのはたくさんのエチレン分子が結合したポリエチレンであり、この分子では全ての炭素原子は一重結合すなわちσ結合で結合しています。同じようにたくさんのアセチレン分子が結合するとポリアセチレンができます。この分子は全ての炭素が共役二重結合で結ばれており、全ての炭素の上にπ結合電子が散らばっています。

この電子は、金属結合における自由電子のように見えます。つまり、広い範囲に渡って電子がちらばっています。この物質に電圧をかけたらπ電子は移動を始めるの

●ポリエチレンとポリアセチレン

$$nH_2C{=}CH_2 \longrightarrow H{-}(H_2C{-}CH_2){-}(H_2C{-}CH_2){-}\cdots\cdots H$$

エチレン　　　　　　ポリエチレン

$$nHC{\equiv}CH \longrightarrow H{-}(HC{=}CH){-}(CH{=}CH){-}\cdots\cdots H$$

アセチレン　　　　　　ポリアセチレン

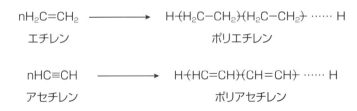

ではないでしょうか？　すなわち、伝導性を持った高分子（有機物）になるのではないでしょうか？　そのような期待をもってポリアセチレンを合成しました。

満車渋滞状態

ところが、できたポリアセチレンの伝導度を調べたところ絶縁体で、電気は全然流れませんでした。つまり、非局在π結合のπ電子は移動しようとしなかったのです。

なぜでしょう？　道路があって動くべき電子があるのに、少しも動こうとしません。「この状態は何かに似ている。そうだ、高速道路の渋滞だ！」こう思いついた研究者は自動車を減らすことを思いつきました。そこで、ポリアセチレンに電子を受け入れて陰イオンになりやすい性質を持ったヨウ素I_2を小量加えてみました。伝導度を測った時の彼の驚きが伝わってくるようです。なんと、金属並の伝導度を示していたのです。

この時、彼の加えた小量の不純物としてのヨウ素をドーパント、それを加える操作をドーピングといいます。このように、ポリアセチレンにヨウ素をドーピングすることによって、人類初の有機伝導体は完成したのでした。

SECTION 07

有機超伝導体

有機物が電気を流すというのは画期的な発見でした。しかし、この分野での研究はそれだけでは終わりませんでした。なんと、有機物の超伝導体、有機超伝導体まで完成したのです。有機物と金属の間を分けていた垣根がズンズン低くなっているのです。今では金属より硬く、防弾チョッキに使われる高分子も実用化されています。金属の独壇場はいまや有機物に奪われようとしています。

有機伝導体

有機物で電気を流す物質は2種類考えられます。一種は前項で見た長い共役二重結合を持った高分子です。これは既に完成して実用化されています。

もう一つは電荷移動錯体です。先に見たように、原子には電子を放出してプラスイオンになりやすいものと、反対に電子を受け入れてマイナスイオンになりやすいものがあります。有機物も同じです。電子を放出してプラスイオンになりやすい分子と、反対に電子を受け入れてマイナスイオンになりやすい分子があります。

これを使って有機超伝導体を作ったら臨界温度は窒素の沸点より高くなるかもしれません。高温超伝導体の完成も近いかもしれません。

❶電子受容体と電子供与体

たとえばＴＣＮＱという分子がありますこの分子にはニトリル基

●TCNQ

TCNQ
(テトラシアノキノジメタン)

●ヘプタフルバレン

ヘプタフルバレン

安定化：6π芳香族系
不安定化：ペリ位水素反発

CNという置換基（原子団）が4個ついていますが、ニトリル基は電子を引き付ける力が大変強いので、この分子は電子を引き付けてマイナスになる性質があります。このような分子を電子受容体（A）といいます。一方、フルバレン（F）は分子内に2個の環状部分を持ち、二重結合が7つあるので全部で14個のπ電子をもっています。つまり、一つの環状部分に7個ずつのπ電子です。しかし、有機環状化合物はベンゼンのように、6個のπ電子を持っているときに特別に安定になります。そのため、フルバレンは電子2個を放出してプラス2価のイオンになる性質があります。このような分子を電子供与体といいます。

❷ 電価移動錯体

TCNQとヘプタフルバレンを一緒に溶かして結晶化させると、ヘプタフルバレンからTCNQへ電子が移動してTCNQ陰イオン（A^-）とヘプタフルバレン陽イオン（D^+）となって、それぞれが分かれて積み重

●分離積層型

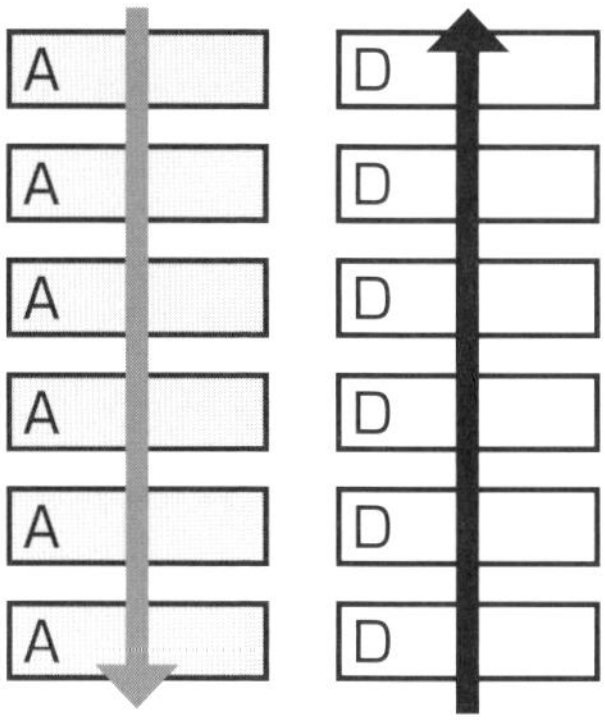

電流（横の流れは無し）

なった結晶になります。このような結晶を分離積層型といいます。この結晶に通電したところ、電子は流れて、その方向は積み重なった方向であることがわかりました。

パイエルス転移

この結晶の温度を下げて伝導度の変化を測定したところ、金属と同様の傾向が現れました。つまり、低温になるほど伝導度が上がったのです。ところが、カーブが急になり、そろそろ、超伝導状態になるかなと皆が期待したところ、残念ながら、図に示したようにグラフは不連続に変化し、突如、絶縁体に変化してしまいました。このような変化をパイエルス転移といいます。

●パイエルス転移

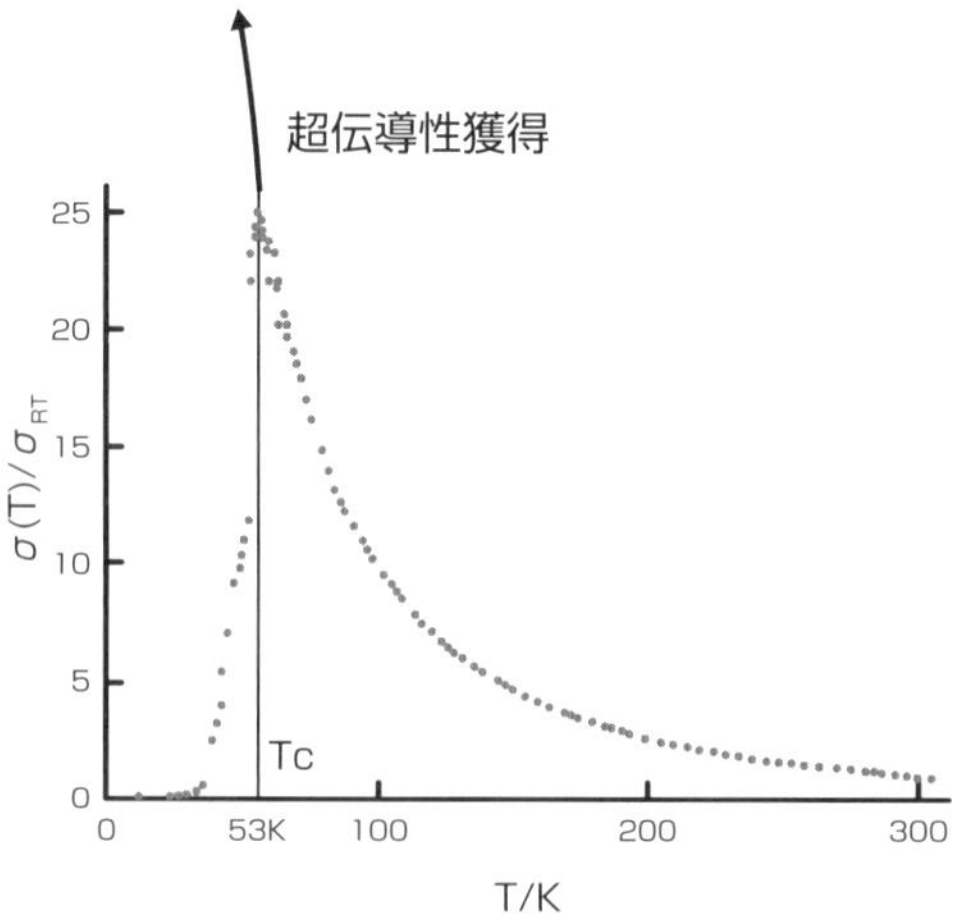

調べたところ、パイエルス転移があらわれたのは今回の電流の流れが一次元、つまり一方向であることが原因であるとわかりました。そこで分子Fを改良して、二重結合の代わりに炭素以外の原子（今回はイオウS）を持ったBEDTTTFに変えました。Sは隣の分子のSと相互作用をし、S－Sの間でも電流を流し、電流の方向の次元性を高めることが期待されるのです。

早速BEDTTTFを合成し、図のBEDTTTF－BTDAの組み合わせで実験したところ、めでたく超伝導性が確認されました。つまり有機物の超伝導体はできたのです。

しかし、臨界温度は金属と同じでした。何十組もの電荷移動型有機超伝導体が完成しましたが、臨界温度はいずれも10K程度のものばかりでした。これ

●BEDT－TTFとBTDA

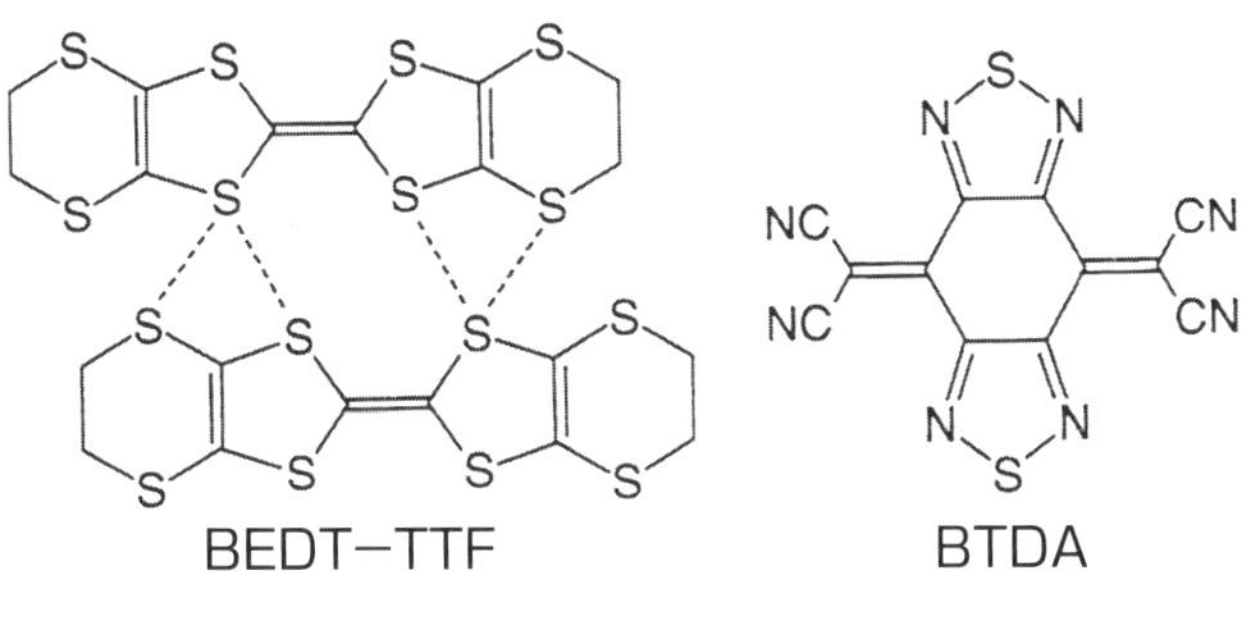

では無理して有機超伝導体を作る実用的な意味はありません。

C_{60}フラーレン型超伝導体

そのようなときに、ドイツのベル研究所に30代になったばかりの若い天才的ドイツ人研究者が現われました。ちょうど2000年のことでした。この若者はベル研究所で研究すると同時に、アメリカの出身大学であるコンスタンツ大学でも研究していました。

彼の研究はサッカーボールのあだ名で知られる真球状の炭素化合物C_{60}フラーレンと金属を用いた有機金属超伝導体の研究でした。C_{60}フラーレンは球状の化合物ですからこれの結晶では全ての分子が互いに接し、軌道を重ねることから、超伝導体で大切な次元性からいったら最高の素材です。これと金属の化合物ではC_{60}フラーレンの籠の中に金属原子が入ったものなど、いろいろのものが知られています。

彼の2000年に出した報告では、臨界温度が52Kに達したとあります。ところが翌年の報告には117Kに達したといいます。驚異的な成績に、他の研究者が追試験を行ってもうまくいきません。そこで研究室の見学を申し込むと、アメリカの大学で研究したと言って見せようとしません。ところが、この研究者はあまりに礼儀正しく、慎み深いので、誰も彼を疑おうとはしなかったといいます。彼はその後も精力的に研究し、驚異的な実績を上げ続けたので、ついには超伝導でノーベル賞が出るなら、彼しかいないとまで言われるようになりました。

ところが、彼の報告に載っていた2枚の測定チャートのベースラインがそっくり同じという、あり得ない「ミス」が発見されました。ベースラインは、その時々の測定条件によって異なるため、同じラインが2回発現することはありえません。

これを契機にベル研究所で査問委員会が設けられ、審査された結果、2002年、彼の一連のデータは捏

●C_{60}フラーレン

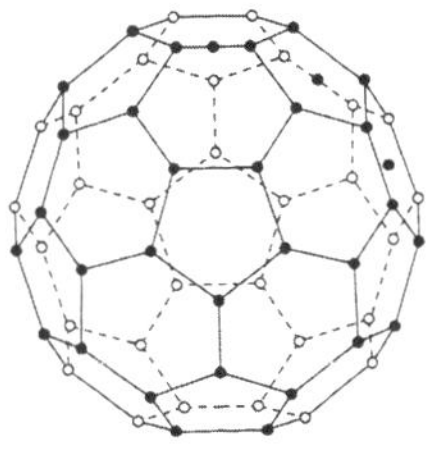

C_{60}フラーレン単分子

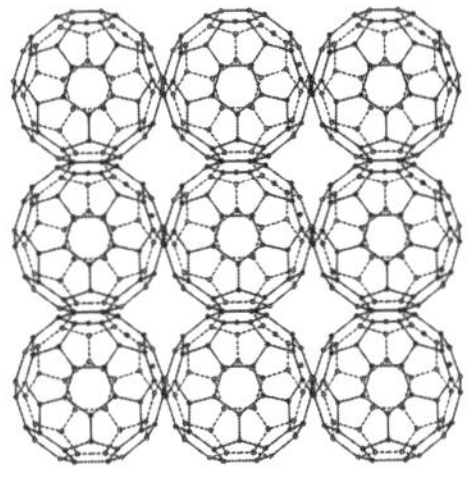

C_{60}フラーレン2次元連続体

造であることが判明し、彼は即刻解雇されました。この影響は大きいものでした。彼の不正が明らかになると、世界中の有機超伝導体の研究者が研究から手を引きました。

有機超伝導体は魅力的な研究テーマです。続けたらそれに応える結果が出るものと思われますが、最近この領域は鳴かず飛ばず状態です。残念なことです。

Chapter. 2
電子の存在と原子論

SECTION 08

電子と原子

人類はその歴史の黎明のころから、昼は太陽を眺め、夜は月と星を眺めて生きてきました。その結果、私たちは宇宙という広い空間に住み、その宇宙は太陽、月、星でできていると思っていました。そしてその宇宙を構成する物は太陽、月、星という物質であり、したがって宇宙は物質からできているものと思っていました。

ところが、20世紀も終わりに近づいたころ、この考えは大きく修正されることになりました。とはいうものの、それに気づいたのは科学者の一部であり、それ以外の科学者と科学者以外の一般の方々の大部分は相変わらず、宇宙は物質からできていると考えているのではないでしょうか?

ダークエネルギー・ダークマター

問題の下地は20世紀最大の問題式、アインシュタインの式といわれる次の式にあります。

この式は物質の質量mに光速cの二乗を掛けたものはエネルギーに等しいというもので、物質とエネルギーは互換性のある同じものということとなります。最もよく使われるところでは原子爆弾や原子炉などの原子核反応で、物質がエネルギーに変換する場で、これの現場では、物質が消滅してその代わりに莫大な量のエネルギーが生まれています。

宇宙では莫大な個数の星が瞬いていますが、ここでは水素Hという原子がヘリウムHeという原子に変化し、その際、余剰となった物質がエネルギーとなり、星や太陽の熱や光というエネルギーに代わっているのです。宇宙全体でも、このように物質がエネルギーに変化しているのかもしれません。とにかく、宇宙をつくっているもののうち、70％はダークエネルギーといわれるエネルギーであり、このエネルギーが宇宙膨張の原動力となっているのだといわれます。

●アインシュタインの式

$$E = mc^2$$

宇宙を作る物質

宇宙の70％がダークエネルギーだとすると、残りは30％ですが、実はそれが物質というわけでもありません。30％のうち、25％はダークマターだと言われています。ダークマターが存在することは確かですが、現代科学のどのような手段を使っても発見、観察はできません。したがってダークマターがどんなものなのかは誰もわかりません。アクシオンという未知の素粒子ではないかという説もありますが確かではありません。

ということで、確かなのは、宇宙を作る物の中で、普通に物質といわれるものは全体の5％に過ぎないということです。夜空を眺めたときに私たちの目に飛び込む膨大な量の星は、宇宙全体のわずか5％に過ぎず、残りの95％はもともとエネルギーで見えるはずのないものと、物質ではあるが現代科学では観察することのできない暗黒（ダーク）物質（マター）だというのが現代の宇宙論になっているのです。

SECTION 09

近代の原子構造

科学のうちの化学は、物質の研究を通じて宇宙や生命を究明しようという研究領域です。ところが、その化学が研究対象として観察できるものは宇宙を構成するもののうちわずか5％に過ぎないとなると、化学の限界は急に狭くなったように感じられますが仕方ありません。ダークマターの研究は、ダークマターの少なくとも観察が可能となった後に任せることにして、差し当たり当分はこの5％の、存在と構造が確実な物質の構造と性質の究明に努める以外ありません。

負電荷物質と正電荷物質

18世紀、19世紀の間には定量科学と、実験の精密観察が進展し、19世紀の末には、物質は原子でできており、その原子が化学結合によって分子となり、その分子が集まって物質となることは明らかになっていました。

そしてまた、原子は電気的に中性であり、その原子から負電荷を浴びた電子が飛び出すことも知られていました。してみれば、原子は何個かの負電荷を帯びた電子と、何個かの正電荷を帯びた粒子からできており、両者の電荷は符号が反対で電荷数は等しくなければならないということが、必然の結果としてあきらかになっていました。

プラムプディングモデル

当初の原子論では、この正電荷を帯びた粒子がどのようなものかは不明でした。そのようなときに、当時のイギリスの大科学者J・J・トムソンによって1904年に発表されたのが「プラムプディングモデル」といわれるものでした。これはプディングの素地の中にプラムを刻んだ粒がちりばめられたお菓子で、当時の日本ではプラムプディングというお菓子は一般的でなかったので、翻訳者は苦労して「ブドウパンモデル」と訳しました。これはプラスに荷電したパン生地の中に、マイナスに荷電した電子が干しブドウのようにちりばめられたモデルでした。

土星モデル

同じころ、1903年に日本の長岡半太郎は土星モデルといわれるモデルを発表しました。これは電子の個数と同じ電荷数の正電荷を1個で担う、後の原子核に相当する粒子の周りを、複数個の電子が同じ軌道上を回転運動をするというモデルでした。この様子は何個もの衛星が惑星である土星の周りをまわっている様子に似ていることから、「土星モデル」と言われました。

惑星モデル

そうこうするうちにイギリスの科学者でJ・J・トムソンの弟子であるラザフォードが1911年に提出したのが「惑星モデル」といわれるモデルでした。これは長岡のモデルと似ていましたが、長岡モデルでは全電子が同じ軌道上を動くとしたのに対して、全ての電子は違う軌道上を動くというものでした。また、原子の質量の大部分は中央の原子核部分が担うとしたのも現代の原子モデルに似ていました。

SECTION 10

量子化とは

ここまでに見たように、19世紀初頭には、初等的な原子モデルは出揃ったのですが、原子の性質を合理的に説明することはいつまでたっても不可能なままでした。

ラザフォードモデルの難点

当時、最も合理的なモデルはラザフォードの提出した惑星モデルでしたが、それでも解決できない重大な問題がありました。それは電子の回転運動でした。このモデルではプラス電荷をもった原子核の周囲をマイナス電荷の電子が回転することになっていました。しかし、当時の電磁気学では、このような、

●ラザフォードのモデル

惑星モデル

荷電粒子の周りを反対荷電の粒子が回転する場合には回転粒子がエネルギーを放出し、その分だけ回転半径を小さくしていきます。ということで、最終的には回転粒子は中央の粒子に突入してしまうことになります。つまり、電子は原子核を構成する陽子と合体して中性子となるということです。この結果、原子は消滅してしまうのです。すなわち、このモデルは永遠に永続する原子のモデルではありえない、ということになります。ということで、ラザフォードと、共同研究者のニールス・ボーアは頭をかかえてしまいました。

●ラザフォードのモデルの電子

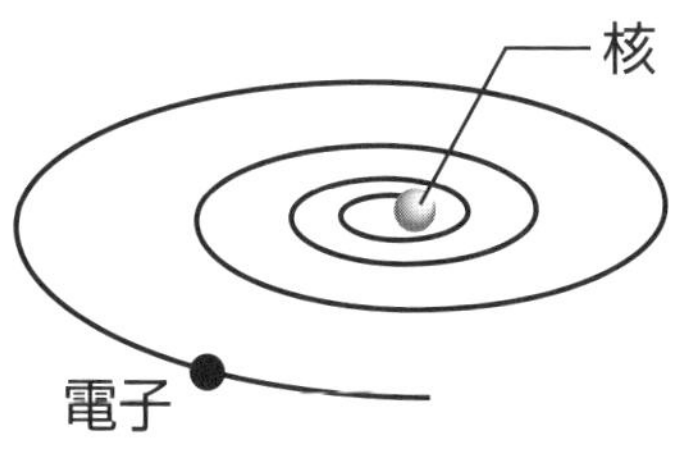

惑星モデルの電子

ニールス・ボーアの閃き

ボーアは頭をかかえて考え込みましたが、明確な答えはでてきませんでした。それでも一心不乱に考え込んでいた時、ある考えが頭にひらめきました。

それは下式のようなものでした。ここで「m＝電子の質料、v＝電子の速度、r＝電子軌道半径、n＝正の整数、h＝プランクの定数」つまりmvrは電子の角運動量であり、一方、$nh/2\pi$は$(h/2\pi)$という単位量のn倍という飛び飛びの量（離散量）であるということです。これは簡単な式ですが、画期的な意味をもつものでした。ある意味、$E=mc^2$というアインシュタインの式と同じくらい強いインパクトを持つ式と言って良いかもしれません。

つまり、これまでの長い歴史を持つ力学の研究を通じて、角運動量に限らず、全ての運動量はどんなに細かい値をとることもできる連続量だったのです。それが原子という限られた場に限定されるにしても、離散量になるなどということはかつてだれも考えてみたことはありませんでした。

●ニールス・ボーアの式

$$mvr = nh/2\pi$$

●ラザフォード・ボーアの模型

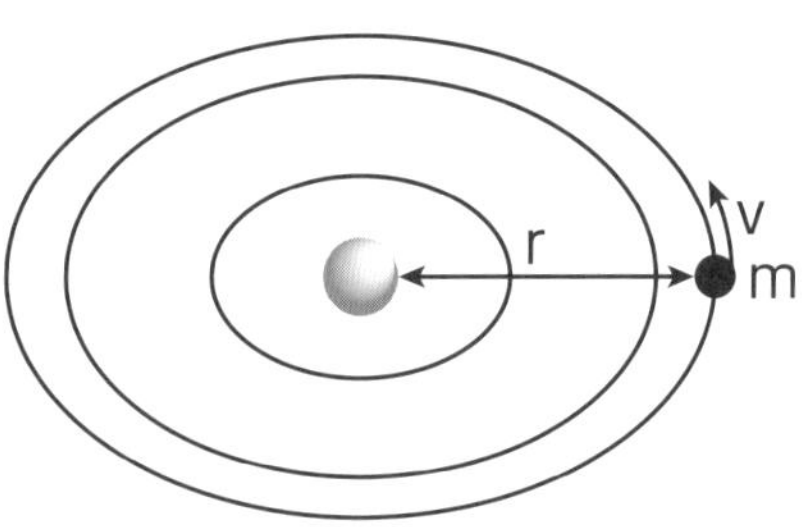

それは、この場合のボーアも同じだったのではないでしょうか？　ボーアもこの式を理論的に考えて導き出したのではありませんでした。ある時急にフッと頭に浮かんだのです。しかし、この式を元にしてこれまでの実験事実を解析すると、みな、驚くように合理的に解析できたのです。彼はこの正の整数「n」を「量子数」と名付けました。

●ニールス・ボーア

量子化・量子数

ボーアのヒラメキ以来、電子、光子、原子、分子の世界では多くの場合に量子数が重要な働きをすることがわかりました。それにつれて量子数には何種類もあることがわかり、「主量子数」「方位量子数」「磁気量子数」「スピン量子数」等々のいろいろな種類の量子数があることがわかってきました。そして、量子数によって支配される現象をあつかう研究理論に「量子論」という名前が付き、それにともなって「量子力学」だとか「量子化学」だとかという研究領域が誕生して現在に至っているのです。

量子化の意味

量子論にとって量子化は非常に大きな意味をもちます。しかし、非常に簡単なものです。わかりやすい例でみてみましょう。

❶量の量子化

水が欲しいとしましょう。水道に行けば1Lでも1・95Lでも10・001Lでも好きな量の水を汲むことができます。このような状態の量を連続量といいます。それでは自動販売機に行きましょう。ここでは全ての水は1Lずつペットボトルに詰めて売られています。つまり、1L単位でしか購入することはできません。ここでは、0・95Lだけ欲しくても1L買わなければなりません。1・01Lで十分でも2L買わなければなりません。このような状態の量を「量子化された量」あるいは「離散量」といいます。

❷ 速度の量子化

通常の世界では、自動車はアクセルとブレーキを操作すればどのような速度でも自由に出すことができます。しかし、量子化された世界ではそうはいきません。例えば、速度は$10n^2$km/毎時と規制されていたとしましょう。この場合、ドライバーが選択できるのは量子数「n」(0を含む正の整数)だけです。

つまりn=0を選択したら自動車は止まったままです。n=3を選択したら時速90kmとなってパトカーに目を付けられ、逃げようとしてn=4を選択したら時速160kmとなって命がけの逃走劇がはじまってしまいます。

●速度の量子化

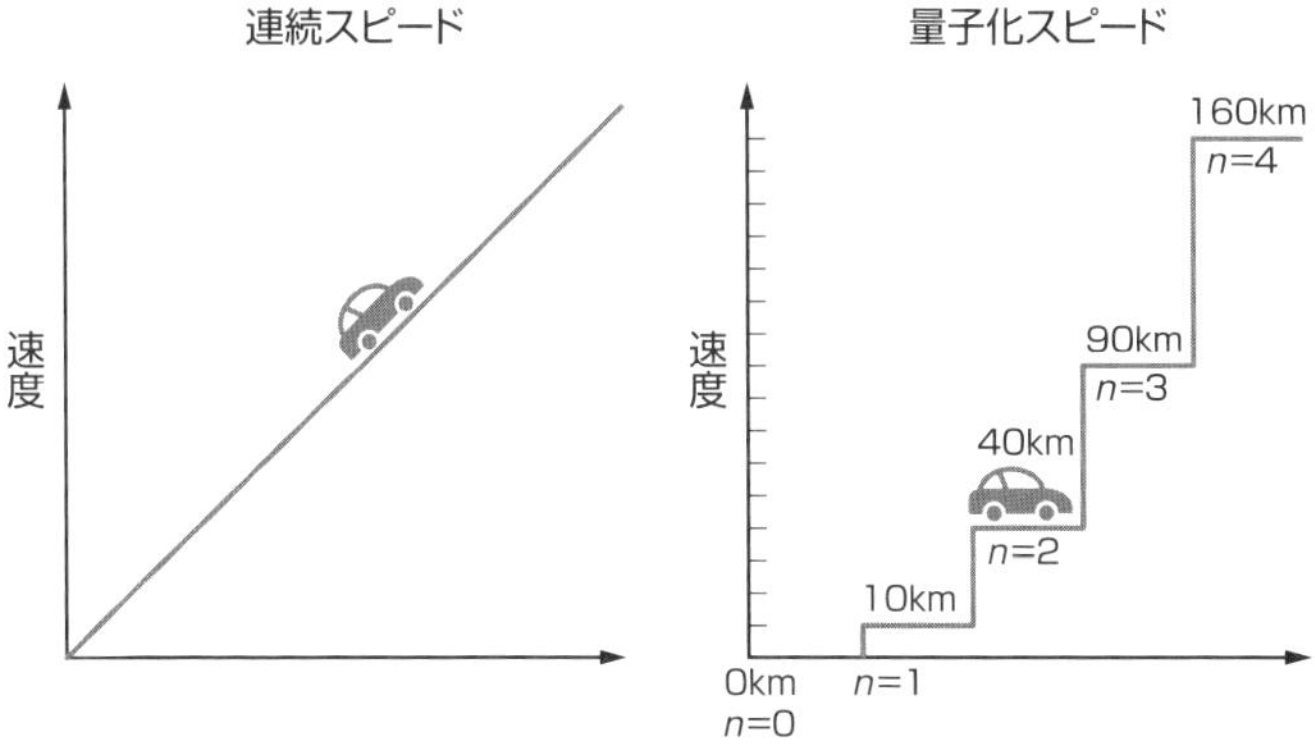

❸空間の量子化

量子化されるのはこのような量だけではありません。空間も量子化されます。回転するコマ回しの例をみてみましょう。コマの勢いが弱くなって止りそうになるとコマの軸は傾いて歳差運動（ミソスリ運動）を始めます。

普通の世界では軸の角度（θ）はだんだん大きくなり、最期は90度になって駒は倒れてしまいます。しかし、量子化された世界ではθは量子化されて飛び飛びの離散量しか採ることができません。このことは後に見る電子軌道の方向の問題に表れてきます。

●空間の量子化

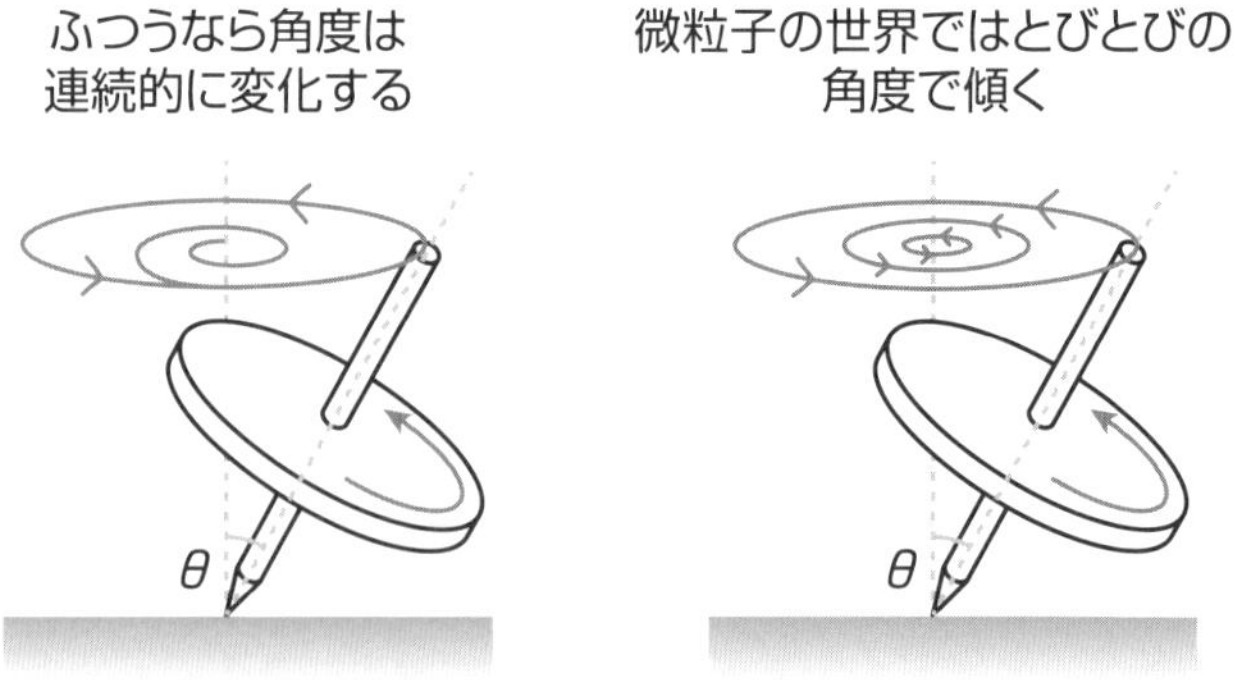
ふつうなら角度は
連続的に変化する
θ
微粒子の世界ではとびとびの
角度で傾く
θ

SECTION 11

原子の電子構造

宇宙には無数と言えるほど多くの種類の物質が存在します。そのうち、素粒子を除くすべての物質は原子からできています。しかし、その原子の種類は意外と思うほど少ないです。地球上に存在する原子の種類は全部で120種足らずであり、そのうち、自然界に存在するのはわずか90種ほどに過ぎません。この90種ほどの原子が電子を使って化学結合をし、無数と言えるほどの種類の物質を作っているのです。

原子番号

全ての原子には小さい物から順に、水素（H、原子番号1）からオガネソン（Og、原子番号118 人工元素）まで、原子番号がついています。原子は原子番号に等しい個数の電子（記号e）と、原子番号に等しい電荷数のプラス電荷を持った1個の原子核を持っているので、原子は全体として電気的に中性です。

原子核は2種類の粒子からできています。1種は陽子(記号p)で＋1の電荷を持っており、もう一種は中性子(記号n)で電荷は持っていません。陽子と中性子は、質量はほぼ等しく、それを質量数(記号A)を使ってA＝1と表します。電子は質量数は小さくてほぼ無視できるので、A＝0と表現します。原子を作る陽子と中性子の個数の和を質量数といいます。質量数と原子番号はそれぞれ元素記号の左上、左下に添え字で書く約束になっています。

電子殻構造

電子には、原子に属する電子と宇宙線に含まれる電子のように、原子に無関係に存在する電子があります。原子に属する電子は、ただ単に、原子核の周りに集まっているだけではありません。電子は原子核の周りに球殻状に存在する電子殻の中に入っています。電子殻は何層もありますが、内側の物から順にK殻、L殻、M殻などと、アルファベットのKから始まる順に名前がついています。

❶半径

各電子殻には、K殻＝1、L殻＝2、M殻＝3、などの量子数（主量子数）が定まっています。各電子殻の直径は大きさが定まっており、それは最も内側のK殻の半径をrとすると、主量子数nに応じて「n^2r」と、nの二乗倍になっています。

❷収容電子数

また、各電子殻には収容できる電子の最大個数が定まっており、それも主量子数nに応じて「$2n^2$」個となっています。したがって、各電子殻の最大収容個数K殻（2個）、L殻（8個）、M殻（18個）などとなっています。

●原子の断面と電子殻の構造

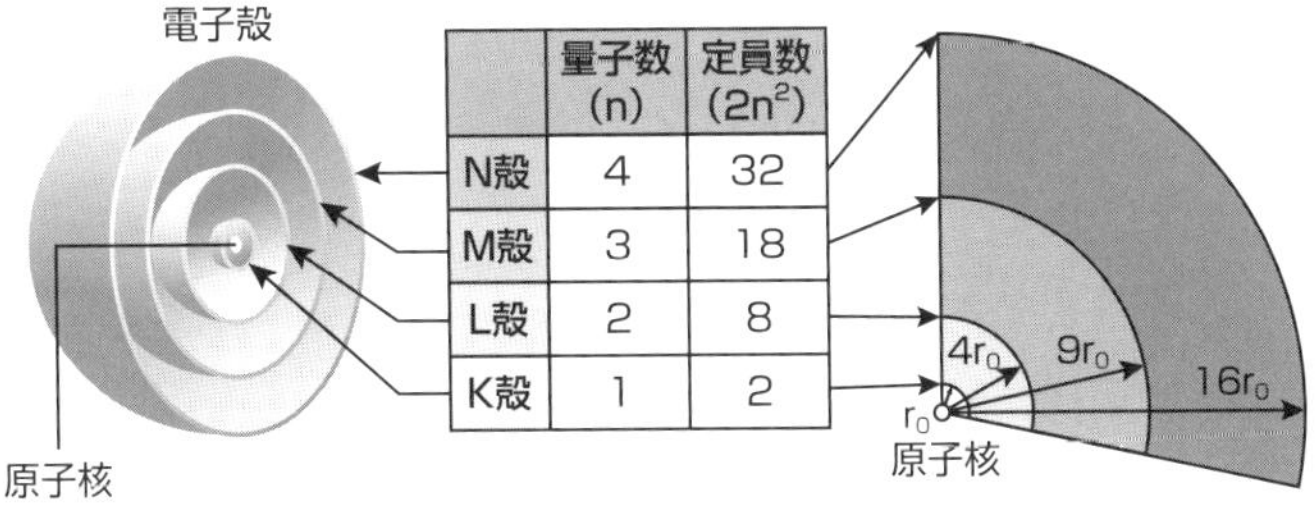

	量子数 (n)	定員数 ($2n^2$)
N殻	4	32
M殻	3	18
L殻	2	8
K殻	1	2

❸ 価電子

電子が入っている電子殻のうち、最も外側（量子数が大きい）の電子殻を最外殻、そこに入っている電子を最外殻電子、あるいは価電子といいます。価電子は原子の性質や反応性を支配する大切な電子です。

電子殻のエネルギー

電子はエネルギーを持っています。電子のエネルギーは簡単に言えば2種あります。一つはマイナスに荷電した電子と、プラスに荷電した原子核の間の静電引力であり、もう一つは電子の持つ運動エネルギーです。静電引力を考えれば、それは電荷の大きさに比例し、電荷間の距離の2乗に反比例しますから、原子核に近いところにいる電子、つまりK殻の電子が最大ということになります。このことを、電子殻に力点を置いて、「K殻にいる電子は大きいエネルギーを持つ」ということにし、そのエネルギーを「K殻のエネルギー」と表現します。

このように考えると、各電子殻は固有のエネルギーを持つことになりますが、このエネルギーを電子殻のエネルギーといいます。そして、「その電子殻に入っている電子はその電子殻のエネルギーを持つ」と考えるのです。

❶電子殻エネルギーの測り方

原子に属する電子のエネルギーはマイナスに測ることが約束されています。すなわち、原子核から無限大の距離だけ離れている電子、つまり、原子に組み込まれていない電子のエネルギーを0とするのです。エネルギーの基準です。そして、静電引力が発生したら、それをマイナスに測ります。すなわち、原子核に最も近いK殻（量子数n＝1）のエネルギーE」の絶対値が最も大きいのですがそれをマイナスと図るので、グラフに書くと最も下、ということになります。

このように考える利点は、次のグラフで明ら

●電子殻のエネルギー

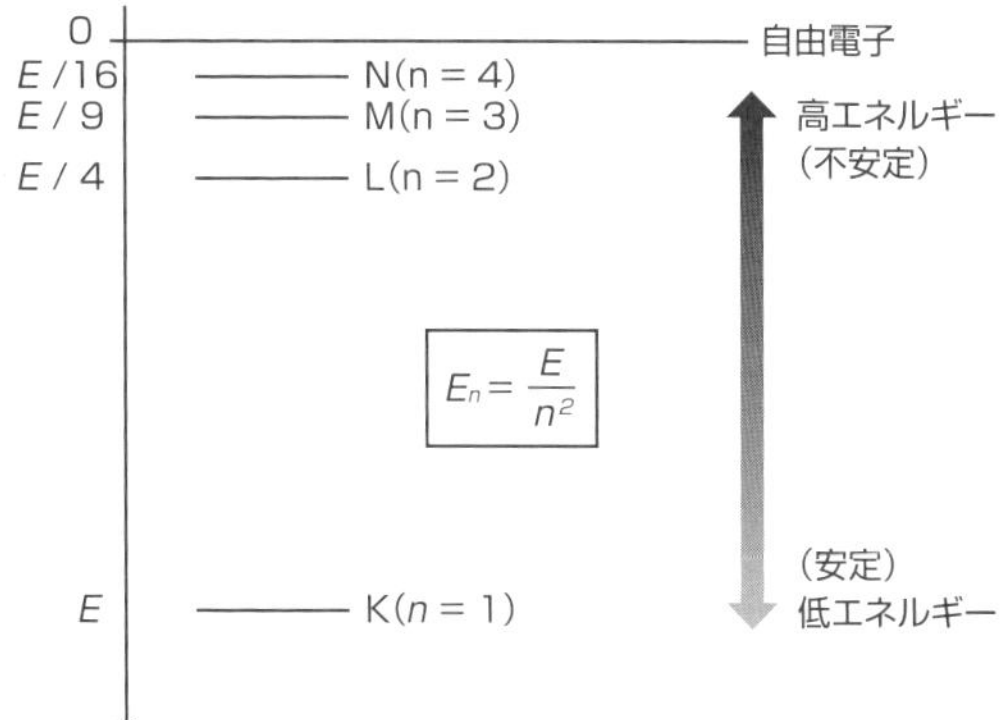

かになります。つまりこのようなグラフでは、グラフの下部ほど、低エネルギー、上部ほど高エネルギーとなります。要するに、感覚的に位置エネルギーと同じに考えることができるのです。グラフの下部が安定、上部が不安定ということです。上部から下部に物を落としたらそのエネルギー差ΔEが放出され、そのエネルギーが「壊れるという仕事」をするのです。

❷エネルギーの量子化

原子は量子論で支配されています。つまり、エネルギーを含めてすべての量は量子化されています。エネルギーの場合には次の式になります。

つまり、電子殻のエネルギーは量子数の2乗に反比例して絶対値が小さくなります。そしてやがてE=0に近づいていきます。先ほど見たように、最下部のK殻が最も安定であり、上部の量子数の大きい電子殻ほど高エネルギーで不安定となります。

●エネルギーの量子化

$$E_n = E/n^2$$

SECTION 12

化学結合

原子は化学結合をして分子をつくります。化学結合にはいろいろの種類があります。電子にはいろいろの働きがありますが、その中で最も大切な働きが化学結合であると言って良いかもしれません。つまり、宇宙に存在する物質のうち、素粒子状態、原子状態でいる少数の種類を除けば、ほとんど全ては分子状態になっています。宇宙の多様性は電子によって作られているのです。

イオン状態

原子は電子を出し入れすることができます。原子Aが電子1個を放出すると＋1価の陽イオンA^{+}となり、2個の電子を放出すると2価の陽イオンA^{2+}となります。反対に原子Bが、1個、2個の電子を受け入れると、それぞれ1価、2価の陰イオンB^{-}、B^{2-}

となります。

　原子には電子を放出して陽イオンになりやすいものと、反対に電子を受け入れて陰イオンになりやすいものがありますが、原子が電子を受け入れる傾向の大小を表した指標を電気陰性度といいます。図に、周期表に倣ってその数値を示しましたが、数値の大きい原子ほどマイナスに荷電しやすいことをあらわします。図に示す通り、周期表の右上の原子ほどマイナスになりやすいことがわかります。

●元素の電気陰性度

H 2.1							He
Li 1.0	Be 1.5	B 2.0	C 2.5	N 3.0	O 3.5	F 4.0	Ne
Na 0.9	Mg 1.2	Al 1.5	Si 1.8	P 2.1	S 2.5	Cl 3.0	Ar
K 0.8	Ca 1.0	Ga 1.3	Ge 1.8	As 2.0	Se 2.4	Br 2.8	Kr

金属結合

　金属原子Mがn個の価電子を放出すると、1個の金属イオンM^{n+}とn個の自由電子となります。金属では、この金属イオンが三次元に渡って規則正しく積み上がり、その隙間を自由電子がみたします。

この結果、水槽内に積み上げた木製ボールの間に木工ボンドを流したように木製ボールが接着して固まります。このような結合を金属結合といいます。つまりプラスに荷電した金属イオンがマイナスに荷電した電子を糊のように使った静電引力によって結合しています。

イオン結合

陽イオンA^+と陰イオンB^-の間には静電引力が働きます。このように、正負のイオンが静電引力によって結合した結合をイオン結合といいます。ただし、静電引力の強さは両イオン間の距離だけに依存し、方向には関係しません。そのため、周囲に何個のイオンがあろうと、距離

●金属結合の模式図

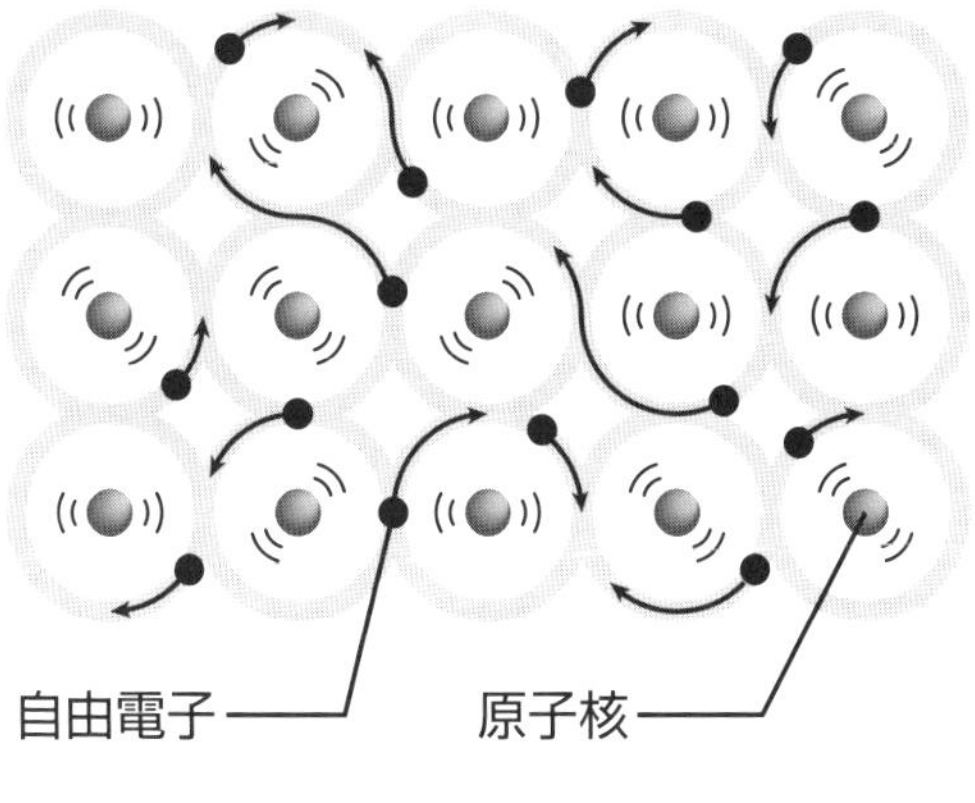

が同じなら同じ力で引き合うので、何個のイオンとでも結合することができます。

食塩（塩化ナトリウム）NaClはイオン結合ですが、その結合様式は図のようにジャングルジム型であり、飽和性も方向性もないので、2個のイオンだけでできたNaClという粒子は存在しません。

共有結合

水素分子H_2では2個の水素原子Hが電子殻を重ねています。この結果、2個の原子の間で2個の電子を持ち合う、つまり共有した形になっています。この結果、プラスに荷電した2個の水素原子核はその間にある、2個のマイナ

●食塩中で働く力と食塩の結晶構造

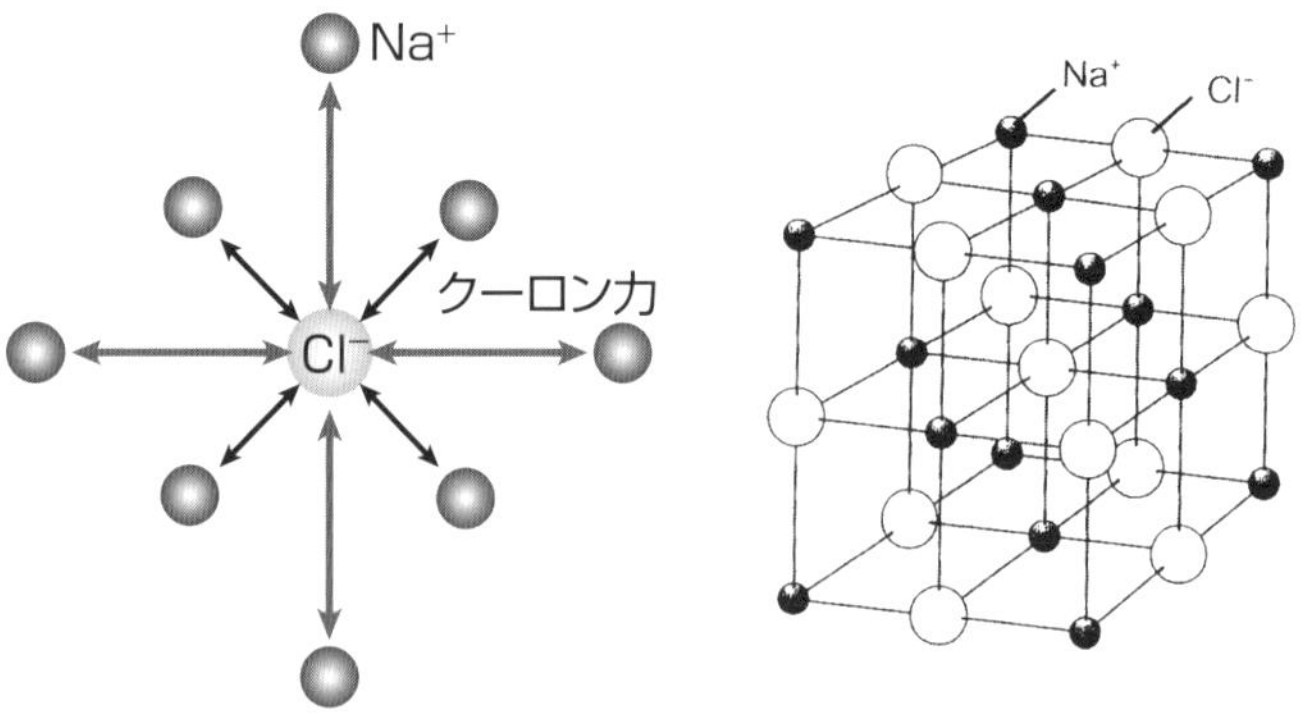

スに荷電した電子を糊のようにして、静電引力で結合しています。

水素結合

水素原子と酸素原子の電気陰制度はそれぞれ2・1、3・5で酸素の方が強く電子を引き付けます。この結果、H－O間の結合電子は酸素に引き付けられるので、水素はプラスに、酸素はマイナスに荷電します。このため、2個の水素分子が近づくと、片方の酸素原子ともう片方の水素原子の間に静電引力が生じます。このような結合を水素結合といいます。

次ページのグラフは有機分子の分子量と沸点の関係です。両者は良い比例関係にあり、分子量が100のときに沸点もほぼ100℃になっています。ところが水の場

●水素分子の形成と共有結合

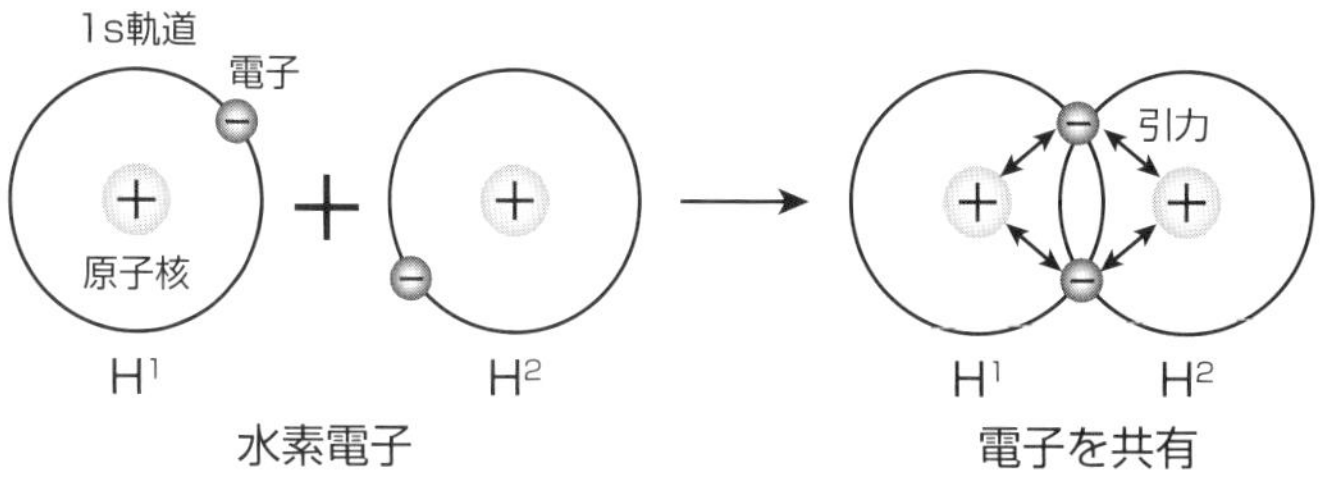

合には、分子量が18なのに沸点は100℃です。これは水分子は沸騰状態でも5個程度の分子が水素結合で集団状態(会合、クラスター)になっていることを示すものです。

●水素結合

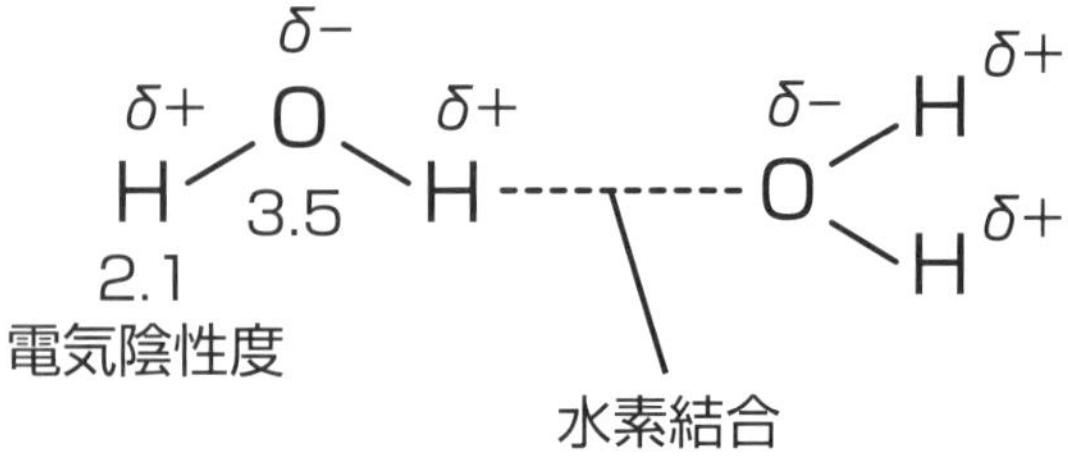

●有機分子の分子量と沸点の関係

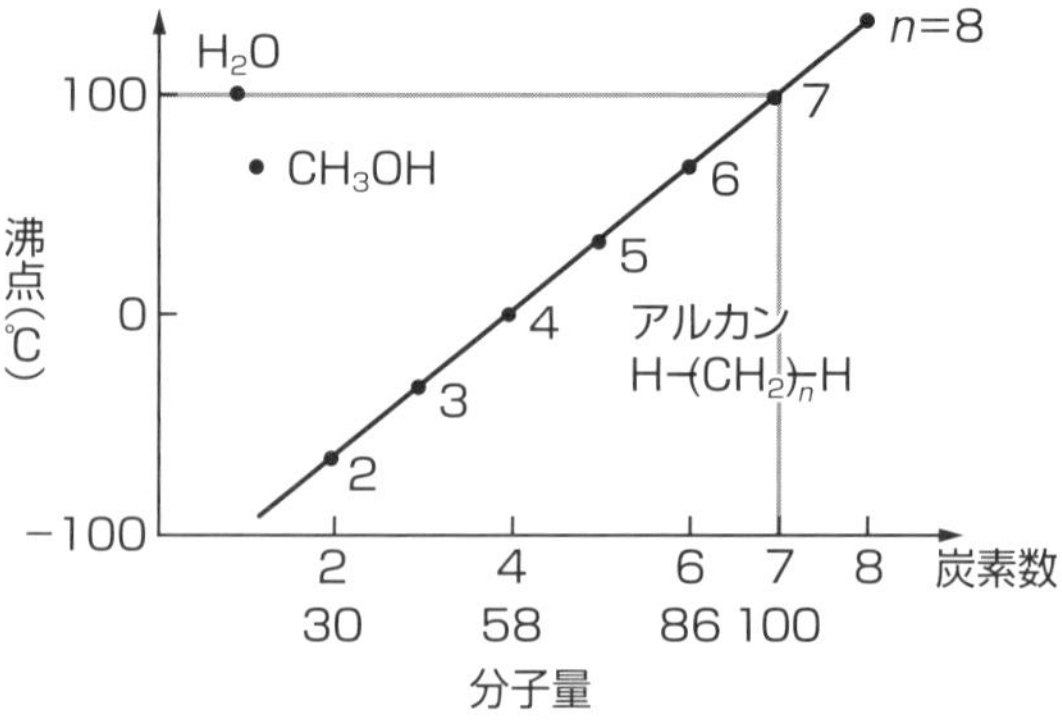

Chapter.3
自然界の電気現象

SECTION 13

雷の発電機構

夜空に繰り広げられる雷、落雷の様子はまさしく怒れるゼウスの腕から放たれる雷といわれる通り、凄絶で豪華で、いつまでも見ていたくなる贅沢なスペクトルです。それにしても、雷はどのようにして発生するのでしょう。

雨の発生機構

雷は多くの場合、雨とペアになって発生します。雨はどのようにして発生するのでしょう。

❶ 水蒸気の上昇と雲の発生

太陽の日射により地表が熱せられると、地表の湿った空気が暖められて上昇気流となって上空に達しますが、上空は低温のため、水蒸気は冷やされて水滴となって、そのかたまりが雲となります。

上空では周囲の温度が氷点下に達し、雲の中には雨粒だけでなく氷の粒ができます。氷の粒は上昇するとともに成長し大きくなります。ある程度大きくなると、上昇気流の力より重力が勝ることになり、今度は下降を始めます。

❷雷の発生機構

空の中で氷の粒が発生し、氷の粒がぶつかり合うと先に見たように氷

●雷の発生機構

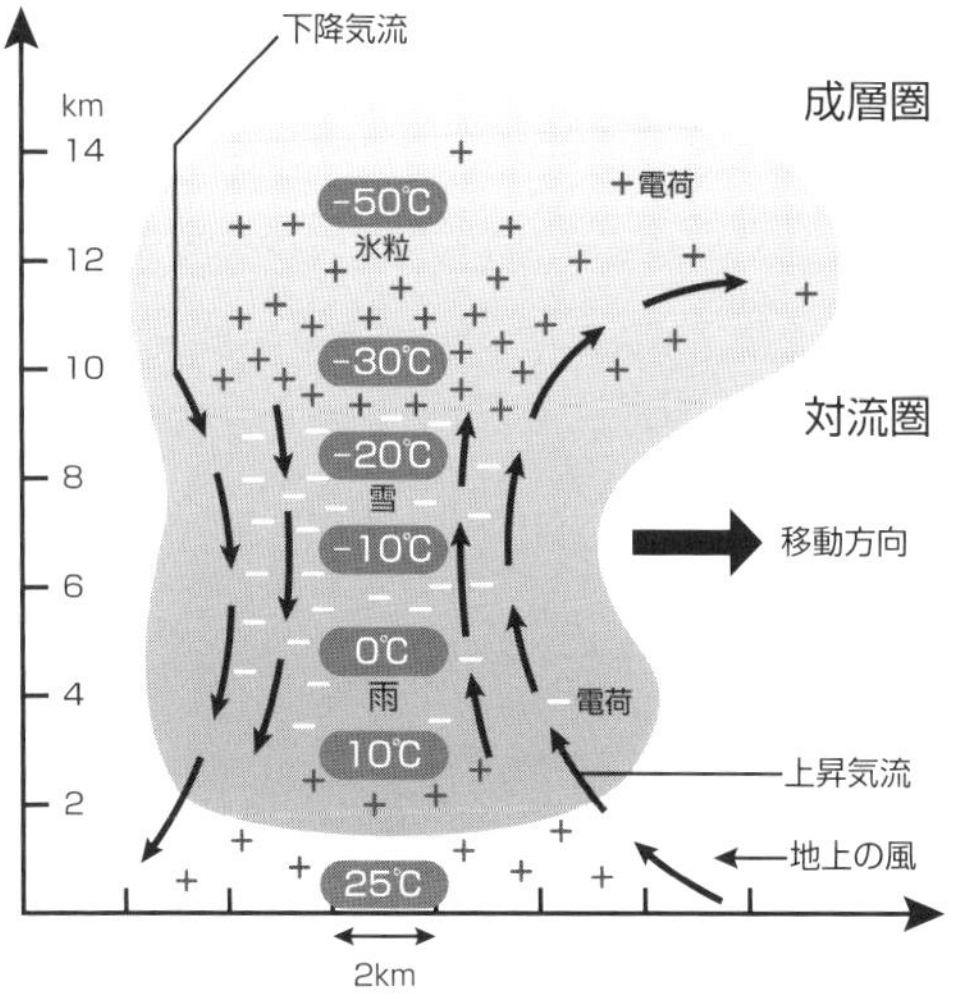

に電荷がたまります。この場合、小さな粒にはプラス電荷、大きな粒にはマイナス電荷が帯電します。また、雲の上方にはプラス電荷、下方にはマイナス電荷が帯電します。

このような現象が続くと雲は雷雲(積乱雲)となります。同時に静電気誘導作用により、雷雲下方のマイナス電荷に対応して、地表にはプラス電荷がたまってきます。

❸ 落雷の機構

雷雲の成長とともに電気の力も強くなり、プラス電荷とマイナス電荷が引き合おうとします。空気が電気の力に耐えきれなくなった時に放電し、雷が発生します。プラス電荷とマイナス電荷が引き合い空気中で放電します。この雲の中、または雷雲同士で発生するものが雲放電で、雲と大地の間に発生するものがいわゆる落雷です。

SECTION 14

電気ウナギの発電機構

日本にはいないようですが、世界には電気ウナギや電気ナマズ、シビレエイのように電気を起こして相手をしびれさせる動物がいます。それぞれが起こすことのできる電圧は、電気ウナギが500〜800V、電気ナマズが400〜450V、そしてシビレエイが70〜80Vとなります。かなりの高圧ですから、心臓の悪い人は大変なことになりかねませんし驚いておぼれてしまう可能性もあります。水泳中には遭遇したくないものです。

●電気ウナギ

発電器官

先に見たように、一般的に動物の神経細胞の内側にはカリウムイオンK^+、外側にはナトリウムイオンNa^+が多数存在して、細胞膜に隔てられてバランスを保っています。

しかし刺激が加わって興奮状態になると、細胞膜の性質が変化し、ナトリウムポンプが稼働し、ナトリウムイオンが細胞内に入りやすくなります。すると正イオンが多く入り込んだ細胞の内側は、細胞の外側よりも電圧が高くなります。電気ウナギのように電気を起こすことができる動物はこの

●電気ウナギが発生させる電圧

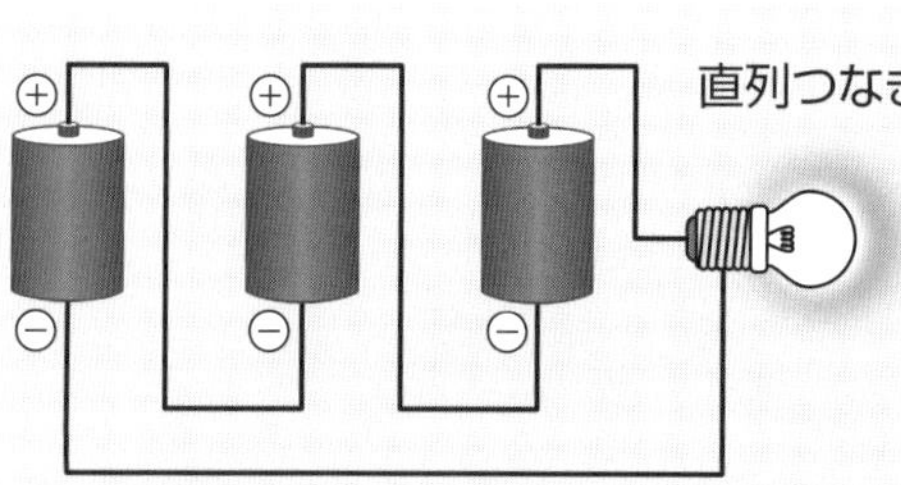

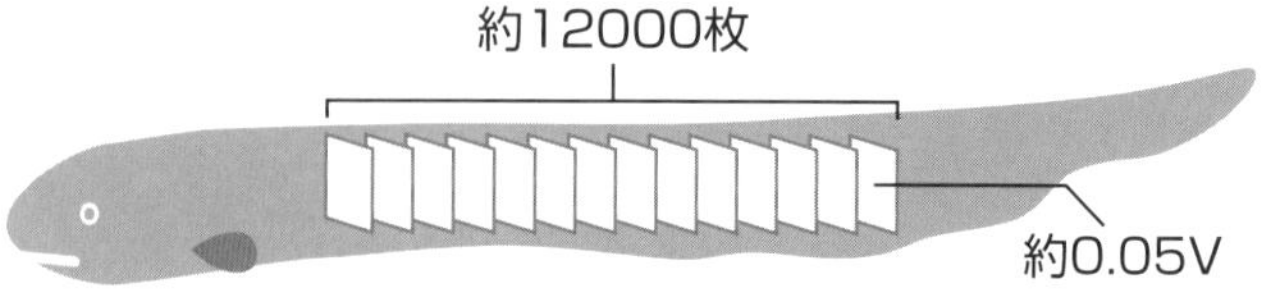

$$0.05 \times 12000 = 600V$$

ような細胞が電極板として規則正しく電池の直列つなぎのように並んでいます。

❶ 直列配列

電気ウナギは、筋肉が変化してできた発電器官と呼ばれる部分で電気を発生させています。発電器官は、発電細胞の層と絶縁性細胞の層が何重にも重なった構造をしています。それらが同じ向きに直列につながっており、イオン勾配を利用して電気を発生させます。発電器官1個当たりの発電量は小さいものですがそれが何千個も1万個以上も直列につながると、電圧と瞬間的に流れる電流は相当なものになります。

❷ 神経刺激

発電器官の電位発生機構は先に見た神経細胞によるものとほとんど同じです。つまりこれら発電魚の発電機構は神経細胞の情報伝達機構がたくさん集合して大型化したものとみることができるでしょう。

次ページの図のAに見るように、神経刺激がない場合、前方・後方いずれの細胞膜においても、カリウムポンプがK^+を細胞外へと排出します。このとき、前後の膜での膜電位が相殺するため、細胞前後での電位差はありません。

しかし、図のBのように、細胞に神経刺激を与えると、神経とつながった後方の細胞膜でナトリウムポンプが作動し、細胞内にNa^+を送り込むようになります。すると、後方の細胞膜の電位の向きが反転し、細胞全体で約150mVの電位を生み出せるようになります。発電細胞は直列につながっているため、各細胞で生じる電位が足し合わさって、数百ボルトもの大きな電位になります。

●電気ウナギの発電機構

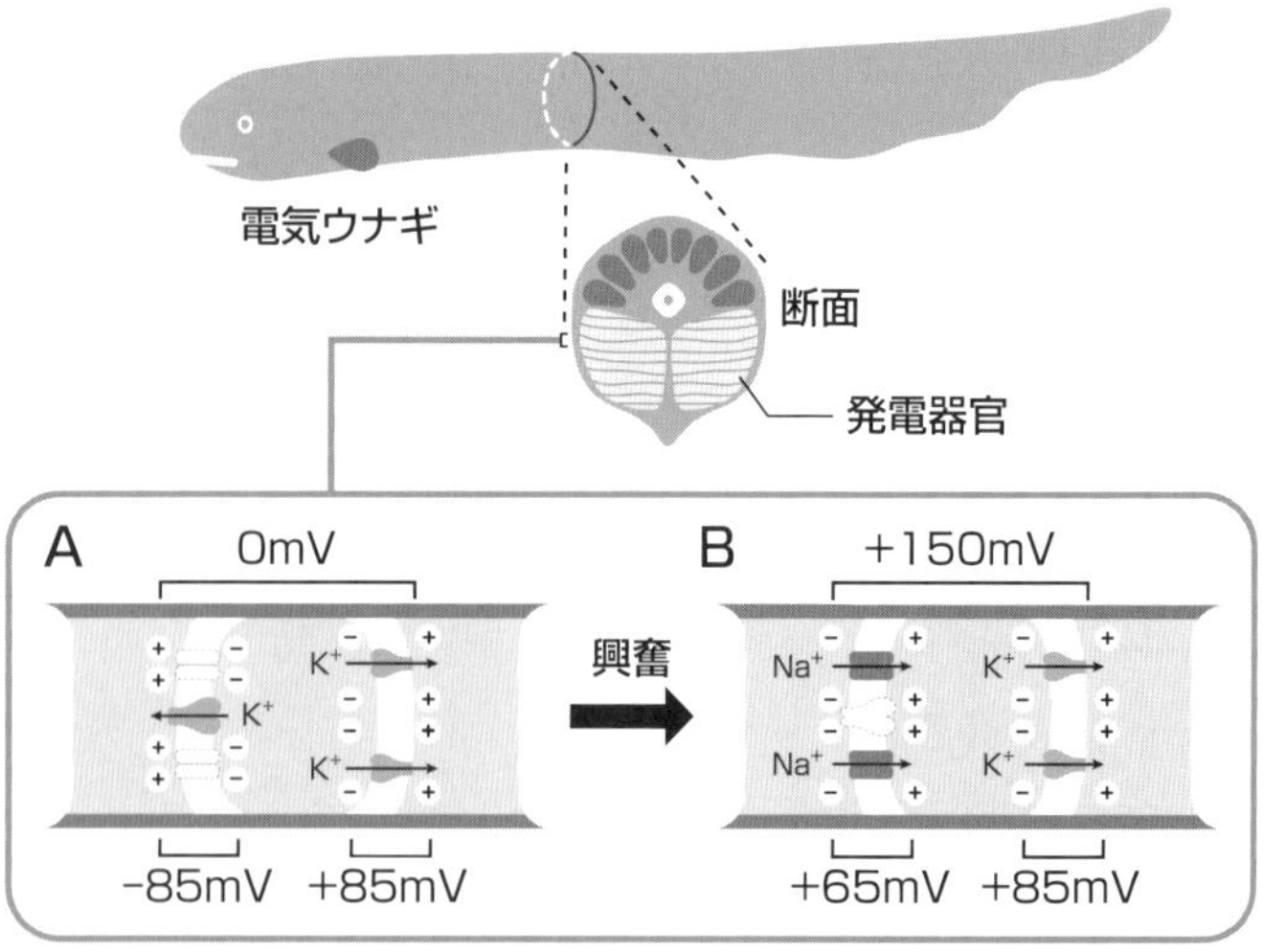

SECTION 15

イオン濃淡電池

宇宙を構成する観察可能な全ての物質は原子からできており、全ての原子はプラスに荷電した原子核と、マイナスに荷電した電子からできています。そうすれば、宇宙で観察することのできるすべての現象は、プラスとマイナスの荷電を持った両粒子の相互作用として理解されそうなものですが、そのように簡単にいかないところが物質の醸し出す現実の世界というところなのでしょう。

18世紀の近代になって初めてわかったことですが、生体は電気化学的な反応によって支配されているようなのです。既に死んで、自発的には動かないはずのカエルの筋肉に金属が触れると痙攣がおこります。このような反応は、生命の有無と筋肉反応の有無は直節に結びつくものではないことを示します。

このような、新しい発見に新しい見地を用意してくれるのが時代の新しい気運ではないでしょうか。当時の時代は「電池」という解答を用意してくれました。

イオン濃淡電池の構造

図は硝酸銀$AgNO_3$水溶液を用いたイオン濃淡電池の構造です。ガラス製の容器を素焼きの陶器でできた隔壁板でA室、B室の二室に分けます。A室には濃厚溶液を、B室には希薄溶液を入れます。それぞれの部屋に銀の電極を入れ、両方を導線で結びます。

このようにセットすると、電極の銀板が溶け出しますが、溶け方に差がありまず。つまり希薄溶液の入ったB室の電極が良く溶けて銀イオンAg^+になるのです。この結果、Bの電極に電子が溜まり、それが導線を通ってAの電極に流れま

●硝酸銀$AgNO_3$水溶液を用いたイオン濃淡電池の構造

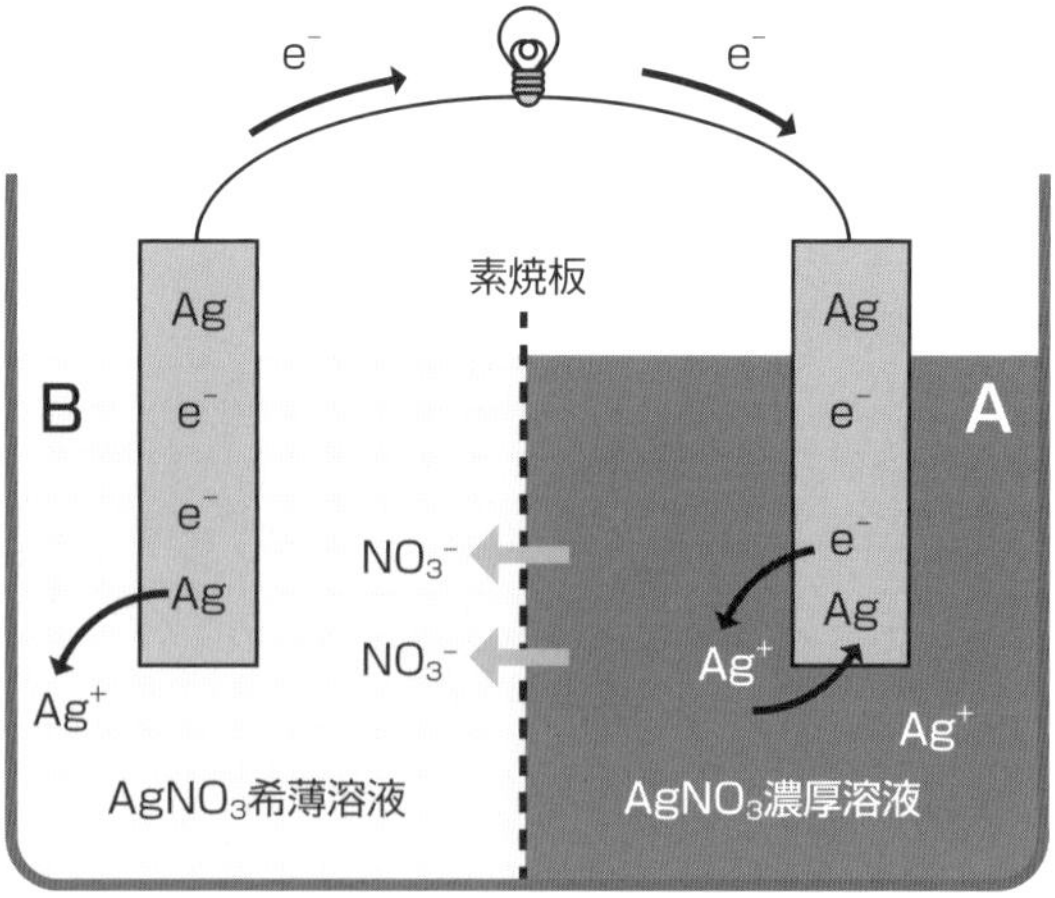

す。つまり、電流が流れるのです。A室に達した電子は溶液中に入り、A室の溶液中の銀イオンAg^+に電子を渡して金属銀Agに還元します。

この結果、B室ではAg^+が増えるので濃度は増加し、反対にA室ではAg^+が減るので濃度は低下します。硝酸イオンNO_3^-は、銀イオンの濃度に合わせるように、素焼きの隔壁を通って移動します。このような過程が連続すると、やがて両室の硝酸銀濃度は同じになります。その時点で電池の寿命は終わりということになります。

SECTION 16

神経細胞の情報伝達

イオン濃淡電池を巧みに使って機能しているのが神経細胞を使った、神経の情報伝達機構です。

神経細胞の構造と情報伝達

図は神経細胞の構造です。脳から出た情報は神経細胞を通って筋肉に伝わりますが、その間は何個もの神経細胞をリレーします。

1個の神経細胞は細胞核のある細胞体と、そこから延びる長い軸索からできています。細胞体に樹木の根のような樹状突起がついており、軸策の端はこ

●神経細胞の構造

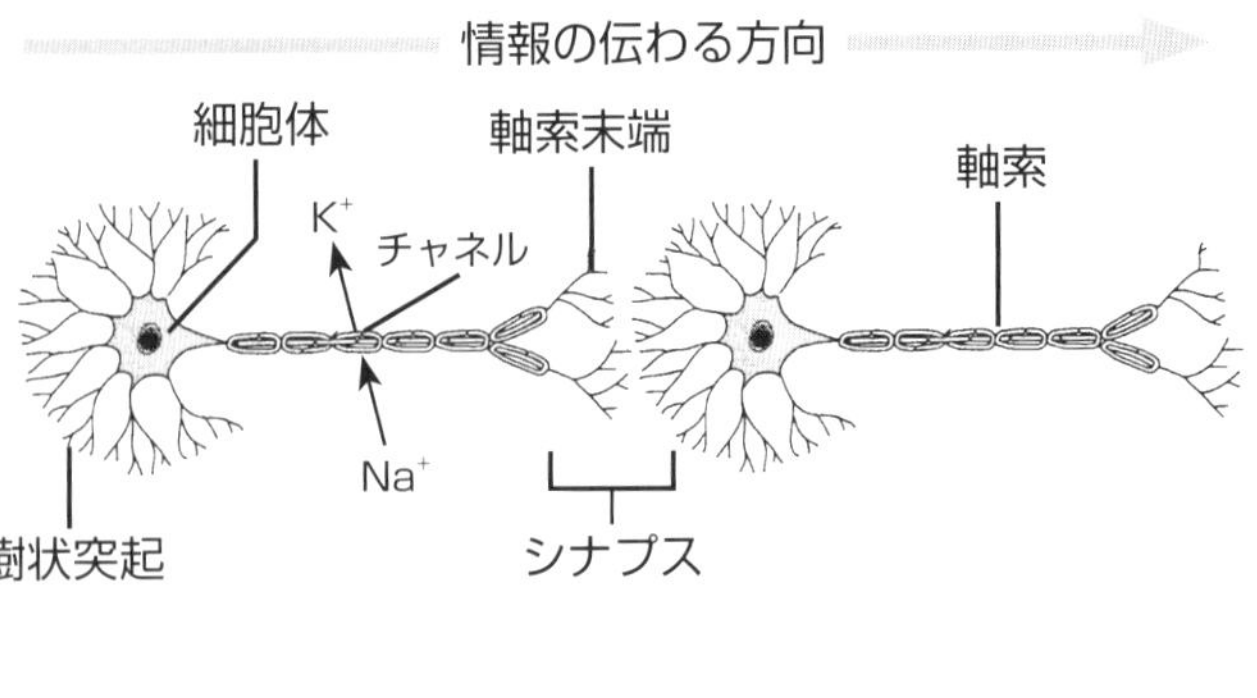

れまた樹木の根のようなかたちの軸索末端になっています。神経細胞のリレー部分はシナプスといわれ、樹状突起と軸索末端がもつれあったような形になっています。

脳から出た情報は樹上突起を通って細胞体から軸索に至り、そこを通って末端に達し、次の神経細胞の樹状突起に入ります。情報の伝達方法は2通りあります。つまり、軸索を通過する間は電気を用いた、いわば電話連絡です。しかし、シナプスでは2個の神経細胞はつながっていません。いわば、電線は断線状態なのです。このあいだは、アセチルコリンやドーパミンなどの「神経伝達物質」を使った手紙連絡になります。

軸索の情報伝達

次ページの図は軸索における情報伝達の機構を表したものです。神経細胞における情報伝達は一方通行です。つまり細胞体か

●神経伝達物質

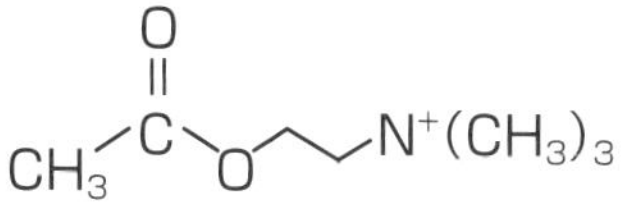

アセチルコリン

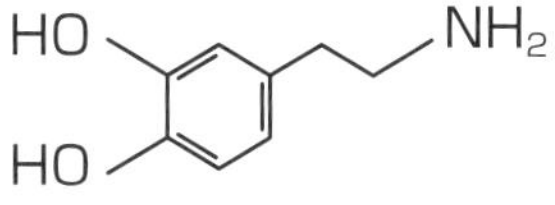

ドーパミン

ら軸索末端に流れます。軸索の内部にはカリムイオンK^+があり、外部にはナトリウムイオンNa^+があります。情報が伝わってくると、K^+は軸索表面に空いたチャネルと呼ばれる穴を通って外部に移動します。それに伴って外部からNa^+が入ってきます。

このようなイオン濃度の変化によって電位が変化します。それを察知してその右側部分にイオン変化がおこり、情報は右に移動します。情報が通過した後はK^+とNa^+が入れ替わり、元の状態に戻るのです。

シナプスでの情報伝達

シナプスでは情報をリレーする2個の神経

●神経伝達

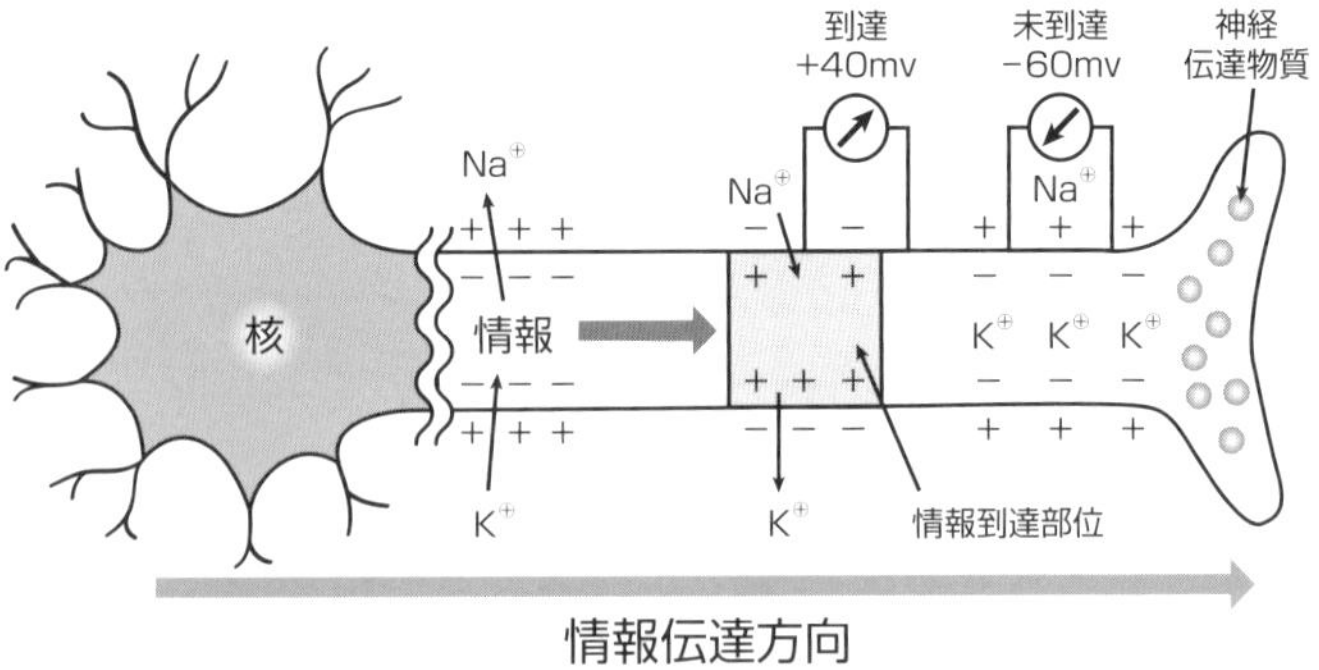

細胞は結合していません。従って電気情報による情報伝達は可能です。シナプスでの情報伝達は神経情報伝達物質という小型の分子のやり取りによっておこないます。

❶ 情報伝達物質接合

情報がシナプスまでくると、軸索末端の情報伝達物質放出部位からたくさんの情報伝達物質が放出されます。それが次の神経細胞の樹状突起にある情報伝達物質受容部位に接合すると、情報伝達完了です。シナプスに組み込まれているナトリウムポンプが活動をはじめ、細胞外にあるNa^+を細胞内に送りこみます。そこから先は先ほどみた通りです。

❷ 情報伝達物質分解

ナトリウムポンプが活動して、次の神経細胞内の電位が高まったら情報伝達物質の役割は終了です。それ以上接合していると、不必要な信号が送り続けられることになります。そこで登場するのが情報伝達物質分解酵素です。この酵素が情報伝達物質を分解して消してくれます。

SECTION 17

味蕾細胞の電位変化

甘い、苦い、酸っぱいなどの味覚も細胞表面、つまり細胞膜でおこる電位変化によるものです。

細胞膜の構造

細胞膜はリン脂質といわれる一種の界面活性剤（両親媒性分子）からできています。

❶両親媒性分子

分子には、砂糖のように水溶性（親水性）の物と、バターのように油溶性（疎水性）のものがありま

●両親媒性分子

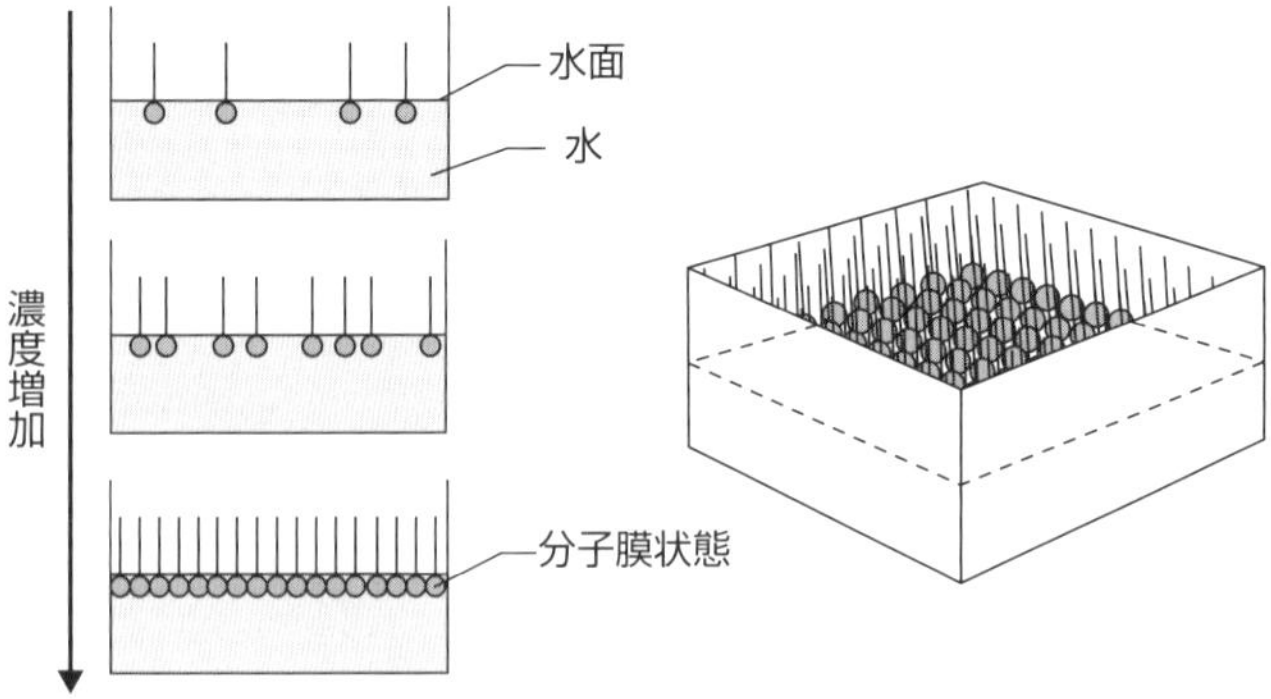

す。しかし中には一分子の中に親水性の部分と疎水性の部分を合わせ持った分子もあります。このような分子を一般に両親媒性分子といいます。界面活性剤や洗剤は典型的な両親媒性分子です。両親媒性分子では、親水性部分を丸(○)で書き、疎水性部分を線(|)で書いて、まるでマッチの軸のように書く習慣です。

❷分子膜

両親媒性分子を水に溶かすと、親水性部分は水中に潜りますが、疎水性部分は空気中に止まり、この結果、分子はまるで水面(界面)に逆立ちしたような形になります。濃度を上げていくと、水面は逆立ちした分子で覆われた状態になります。この状態の分子集団はまるで、膜のように見えますので、一般に

●シャボン玉と細胞膜

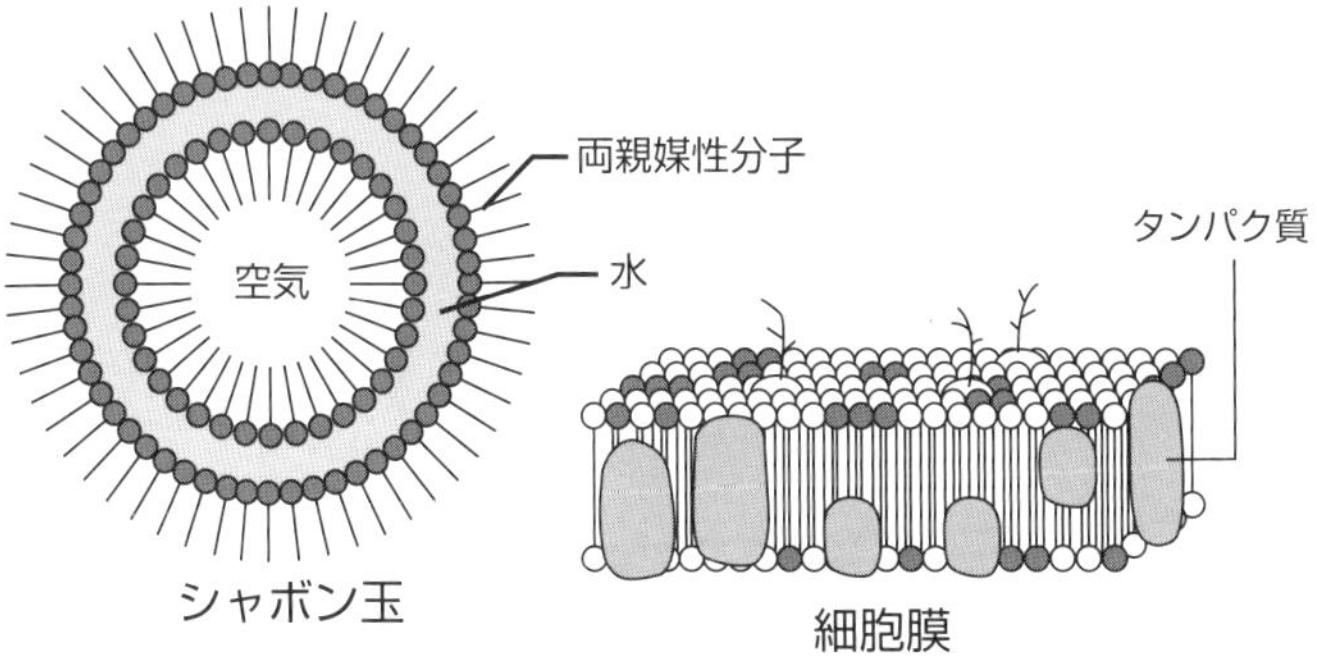

分子膜といいます。分子膜は重なることもできます。2枚の分子膜が重なった物を二分子膜といいます。分子膜や二分子膜は袋状になることもできます。シャボン玉や細胞膜は二分子膜でできています。

味蕾分子

食べ物の味を感知するのは舌に分布している味細胞の味蕾《みらい》です。西洋では味には甘味、酸味、塩味、苦味の四種類があると言われており、辛みは味ではなく、痛みの一種とされていました。その後、日本人が旨味を指摘し、現在では5種類と言われていますが、最近そのほかに油の味も加えるべきだとか、いろいろの説があるようです。

かつては4種の味は舌の特定の部分で感

●味蕾の構造

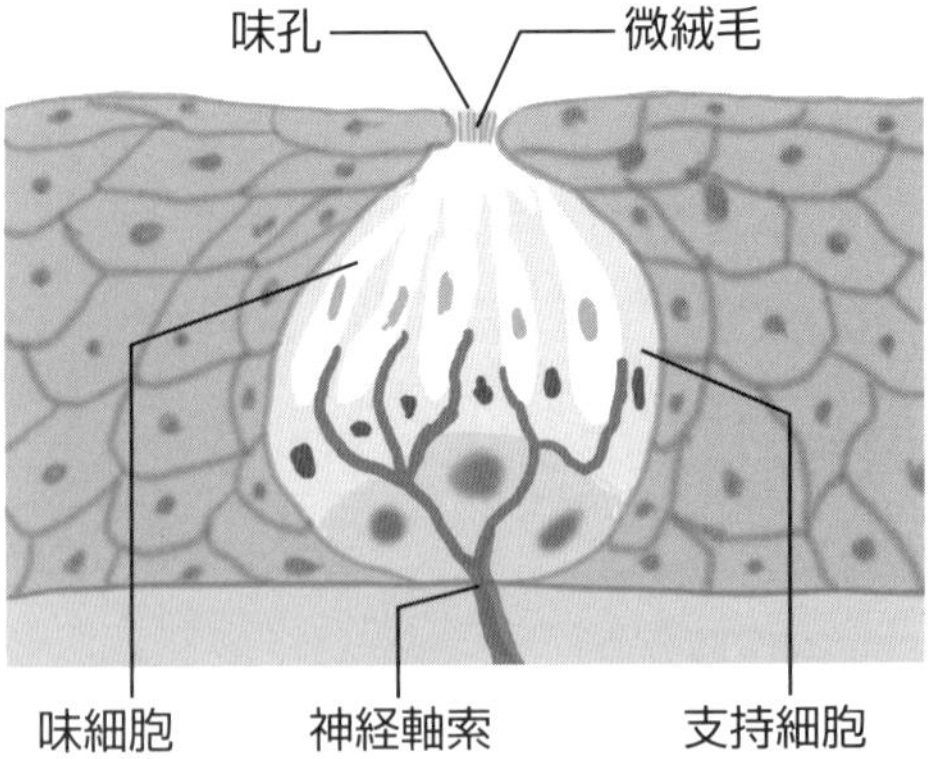

じるものと考えられ、味覚地図なるものが作られていましたが、現在ではそれは間違いと指摘されています。味は舌の全ての部分で感じられますが、その閾値に差があり、鋭敏に感じる部分と、鈍感な部分があるのだということになっています。

味覚と膜電位

味覚を感じる本体は、味蕾細胞の細胞膜に生じる膜電位であることがわかっていますが、その仕組みはかなり複雑なようです。

適当なガラス容器をたとえば8個用意し、それぞれの容器を互いに異なる分子膜で二室に仕切った電位測定装置を用意します。その片方に標準溶液を入れ、もう片方に試料溶液を入れ、両室間の電位差（膜電位）を図ります。この電位差は、試料によって異なるほか、仕切った分子膜によっても異なります。

この8種の電位差を順番に折れ線グラフに表します。すると試料ごとに異なった折れ線グラフになりますが、「しょっぱい物はしょっぱい物」、「酸っぱい物は酸っぱい物」というように固有の形のグラフになることがわかりました。

例えば、苦みのグラフを見てください。ここでは塩酸キニーネ、塩酸マグネシウム、フェニルチオ尿素という、「人間に取って苦い」という以外には共通点のない三種の化合物のグラフが載っていますが、その形は互いによく似ています。

つまり、味のわからない試料のグラフをみれば、その試料の味がわかるのです。あるいは工場でラインに乗って作られる食品のグラフを監視していれば、食品の味が変わった(異物が混じった)時にはグラフの変化によって感知することができるというわけです。

●電位差から「味」を判断する

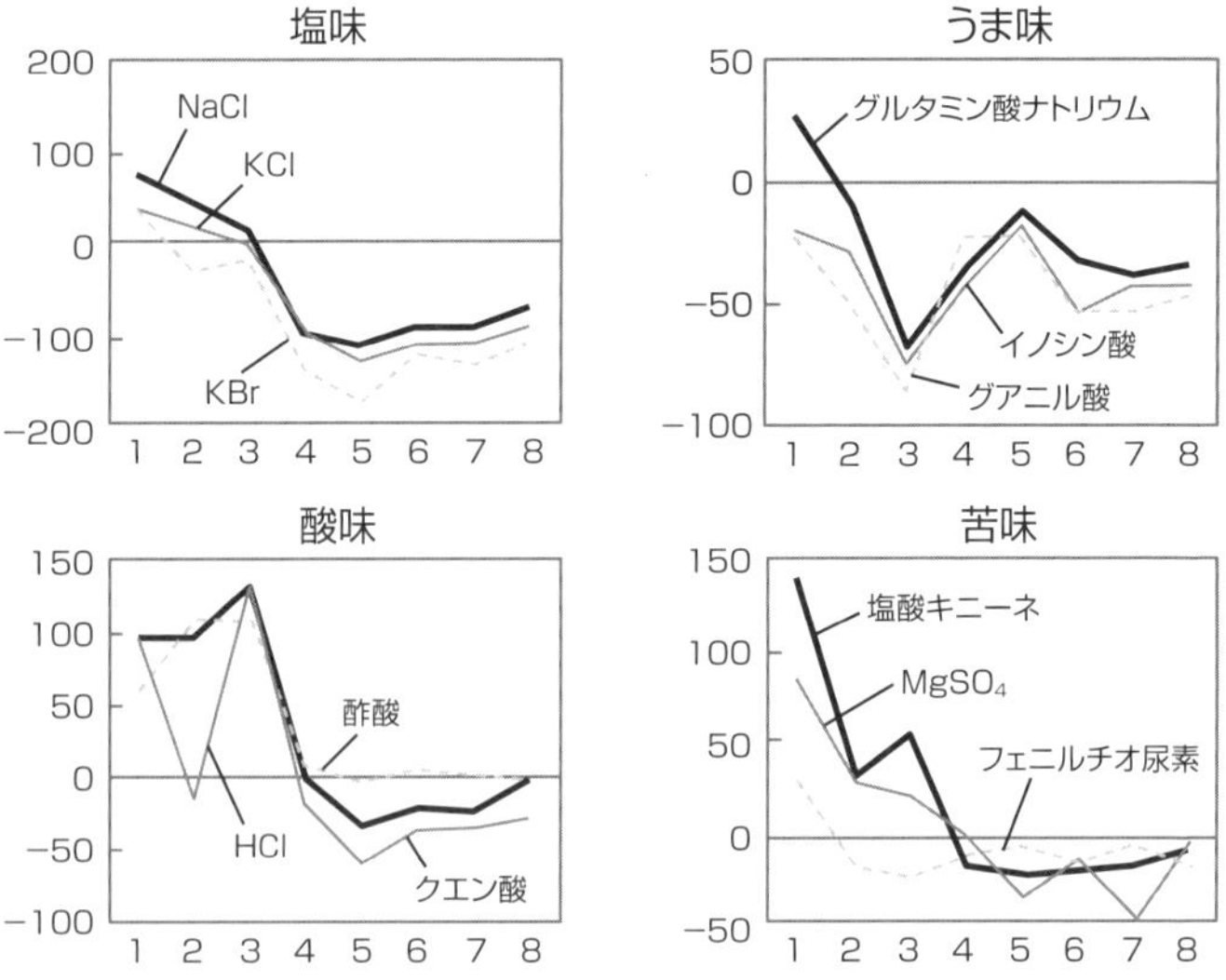

Chapter. 4
化学電池

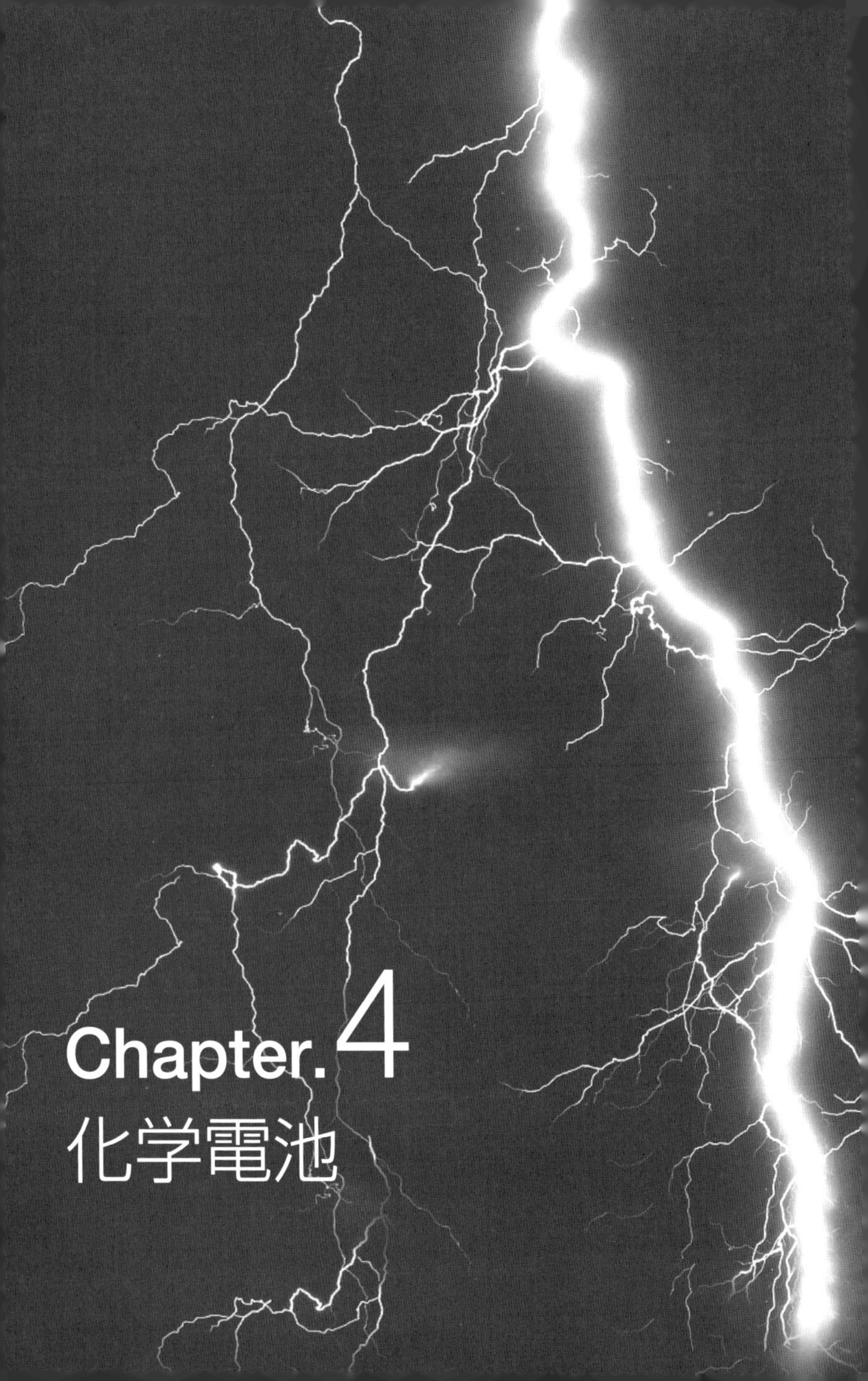

SECTION 18

金属のイオン化

現代社会で電池の無い生活は考えられません。時計は電池で動いていますし、電池の無いスマホは考えられません。それだけに電池の種類はたくさんあります。乾電池、リチウムイオン電池、自動車には鉛蓄電池、補聴器には小型で軽い空気電池、屋根には太陽電池、人工衛星には原子力電池といろいろです。電池のエネルギー源には光エネルギー、原子力などありますが、多くは化学反応のエネルギーです。乾電池、リチウムイオン電池、鉛蓄電池など化学反応のエネルギーを用いる電池を一般に化学電池といいます。化学電池では金属が酸化されて電子を発生する反応が基本になっています。

酸と金属

ある種の金属板を、塩酸や硫酸などの酸の水溶液にいれると、金属は溶けます。これは金属が価電子を放出して金属イオンになったからです。このとき、金属板に導線をつけておくと、金属から放出された電子は外部へ流れ出ます。つまり導線中を電子が移動したことになるので、電流が流れたことになります。これが電池の基本的な原理です。電池の基本反応は金属のイオン化なのです。

❶ 金属のイオン化

希硫酸、つまり硫酸H_2SO_4の水溶液に亜鉛Znの白い板を入れます。すると発熱が起こって亜鉛板は熱くなり、同時に亜鉛板の表面から泡が出ます。そして、亜鉛板の溶液に浸かった部分は徐々に溶けていきます。この泡を集めて火を着けると、音を出して燃えることから、泡の気体は水素ガスH_2であることがわかります。これは、亜鉛が電子e^-を放出して、亜鉛イオンZn^{2+}となって希硫酸中に溶け出したことによる現象なのです(式1)。希硫酸は酸ですから、溶液中には水

●希硫酸(硫酸)と亜鉛の反応

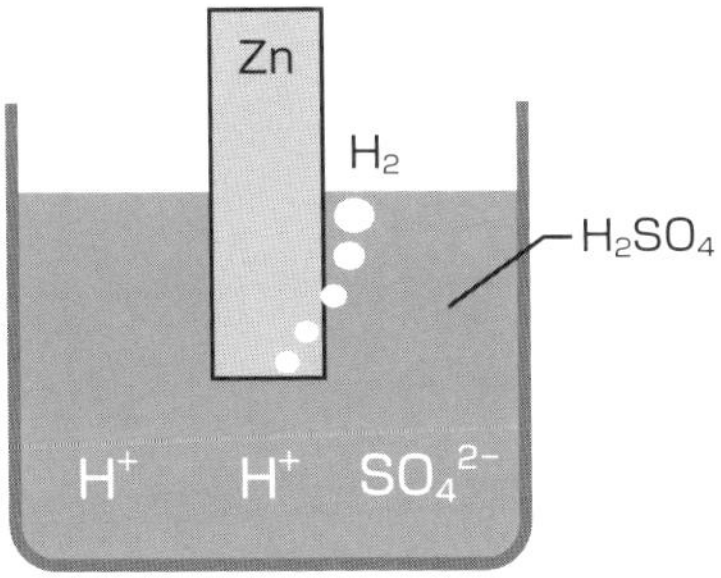

素イオンH^+が存在します（式2）。Znから放出されたe^-はH^+と反応して水素原子Hとなり（式3）、2原子が結合して水素分子H_2となって泡となった（式4）というわけです。

❷ 酸化・還元

この一連の反応をまとめると式5となります。つまりZnとH^+が反応してZn^{2+}とH_2になったという、単純明快なものです。重要なことはこの反応でZnが電子を失ってZn^{2+}になったということです。このように物質が電子を失うことを酸化されたといいます。一方、H^+は電子を受け取っています。このように物質が電子を受け取ることを還元されたといいます。すなわち、金属の溶解は酸化・還元反応の一種なのです。

イオン化傾向

金属には電子を放出して陽イオンになる性質があります。

●希硫酸（硫酸）と亜鉛の反応式

$$Zn \rightarrow Zn^{2+} + 2e^- \quad \cdots\cdots\cdots\cdots \quad (式1)$$

$$H_2SO_4 \rightarrow 2H^+ + SO_4^{2-} \quad \cdots\cdots \quad (式2)$$

$$H^+ + e^- \rightarrow H \quad \cdots\cdots\cdots\cdots\cdots\cdots \quad (式3)$$

$$2H \rightarrow H_2 \quad \cdots\cdots\cdots\cdots\cdots\cdots \quad (式4)$$

$$Zn + 2H^+ \rightarrow Zn^{2+} + H_2 \quad \cdots \quad (式5)$$

しかし、その性質は金属によって強弱があります。陽イオンになる傾向を表す指標をイオン化傾向といいます。

❶ 金属とイオン化

硫酸銅$CuSO_4$の銅イオンCu^{2+}は青い色を持っています。$CuSO_4$の青い水溶液に亜鉛板Znを入れると、前項の実験と同じように亜鉛は発熱して溶け出します。しかし水素H_2の泡は出ません。その代わり、亜鉛板の白い表面が徐々に赤くなってきます。そして時間とともに硫酸銅水溶液の青い色が消えて薄くなっていきます。

今回の実験で起こったことを考えてみましょう。亜鉛板Znが溶けたということはZnが電子e^-を放出して亜鉛イオンZn^{2+}になったことを意味します。しかし泡は出ないので、Znが放出したe^-をH^+が受け取ったわけではないことがわかります。第一、硫酸銅は酸ではないので、その水溶液中にはそんなに多量のH^+は存在しません。

それでは何が亜鉛の出したe^-を受け取ったのでしょう？　硫酸銅水溶液中には銅イオンCu^{2+}が存在します。溶液の青色はこのイオンの色です。その色が薄くなったということは、Cu^{2+}が減ったことを意味します。つまり、Cu^{2+}がe^-を受け取り、その結果還元されて金属銅Cuになったのです。亜鉛に着いた赤色は金属銅の色だったのです。

❷ イオン化列

この反応ではZnはイオン化されてZn^{2+}になりました。しかしCu^{2+}は還元されてCuになりました。これはZnとCuを比べると、Znの方がイオンになる性質、傾向が強いことを示すものです。イオンになる性質をイオン化傾向といいます。このような実験をいろいろの金属板と、金属硫酸塩を用いて行うと、金属の間のイオン化傾向の大小を知ることができます。金属をイオン化傾向の順に並べた物をイオン化列といいます。左側にあるものほどイオン化しやすいことを表します。溶けにくい金属である金Auのイオン化傾向が最低になっています。水素Hは金属ではありませんが、標準として入れてあります。イオン化傾向は溶液の濃度によって変化するので、イオン化列は絶対のものではありませんが、有用であることは確かです。

●イオン化列

K>Ca>Na>Mg>Al>Zn>Fe>Ni>Sn>Pb>H>Cu>Hg>Ag>Pt>Au

イオン化しやすい ⟷ イオン化しにくい

SECTION 19

ボルタ電池

電池にはいろいろの種類がありますが、世界最初の電池はイタリアの科学者アレッサンドラ・ボルタが1800年に作ったボルタ電池であるといわれています。

ボルタ電池の原理

ボルタが発明したボルタ電池は、実用的な価値はありませんが、非常に原理的な電池なので、ここで見ておきましょう。

❶ ボルタ電池

希硫酸H_2SO_4に亜鉛板Znと銅板Cuを入れます。するとイオン化傾向の大きいZnがZn^{2+}となって溶け出し、Zn板上には電子e^-が残ります。両金属板(電極)を導線でつなぐと、Zn板上の電子は導線を通ってCu板に移動します。電子が移動するということは電気が流れたことを意味し、この導線の途中に豆電球をつなげば点灯します。すなわち、電池の完成です。

電池に電子を放出したり受取ったりする部分を電極、電子やイオンが移動する部分を電解質といいます。ボルタ電池の電解質は希硫酸になります。

電子の出ていく電極、すなわちZn極を負極、電子が入ってくる電極、すなわちCu極を正極と定義します。なお、電流の向きは電子の流れの反対方向と定義されていますから、電流はCu極からZn極に向かって流れていることになります。

❷ 水素ガスの発生

Cu極に達した電子は溶液中に流れ出そうとしますが、このとき、溶液中で電子を受け取ることのできる陽イオンは二種類存在します。すなわち、Znから発生した亜鉛イオンZn^{2+}と、硫酸から発生した水素イオンH^{+}です。

イオン化傾向を比較するとZnのほうがHより大きいです。つまり、ZnのほうがHよりイオンのままでいる傾向が大きいことになります。したがってCu極から、電子を受け取って中性原子になるのは水素です。この結果、Cu極からは水素H_2の気体が泡となって発生します。このような反応を電極反応といいます。

❸ 分極

ボルタ電池が実用性を持たないのは、Cu極に水素ガスH_2が発生することに原因があります。このH_2が電極上でイオン化するのです。すなわちHがH^+になるのです。この結果電子e^-が発生しますが、それはCu極上に残ります。

すなわち、Zn極から来た電子を受け入れるべきCu極上に既に電子が存在することになります。これは電子の流れを損なうことになります。このような現象を分極といいます。

つまりボルタ電池は、初めは順調に発電して豆電球を光らせます。しかし、しばらくすると水素ガスが発生し、分極が起こると発電量が減って豆電球は暗くなり、やがて消えてしまうというわけです。

ダニエル電池

　分極が起こらないように工夫した電池がジョン・フレデリック・ダニエルが1836年に完成したダニエル電池です。ダニエル電池は分極の起こらない電池でした。その鍵は反応槽を二つに分け、それを塩橋で結んだことにありました。塩橋は溶液を通さないがイオンは通すというものです。

❶ダニエル電池の構造

　図はダニエル電池の構造です。左側の反応槽には硫酸亜鉛$ZnSO_4$水溶液に浸したZn極がセットしてあり、右側には硫酸

●ダニエル電池

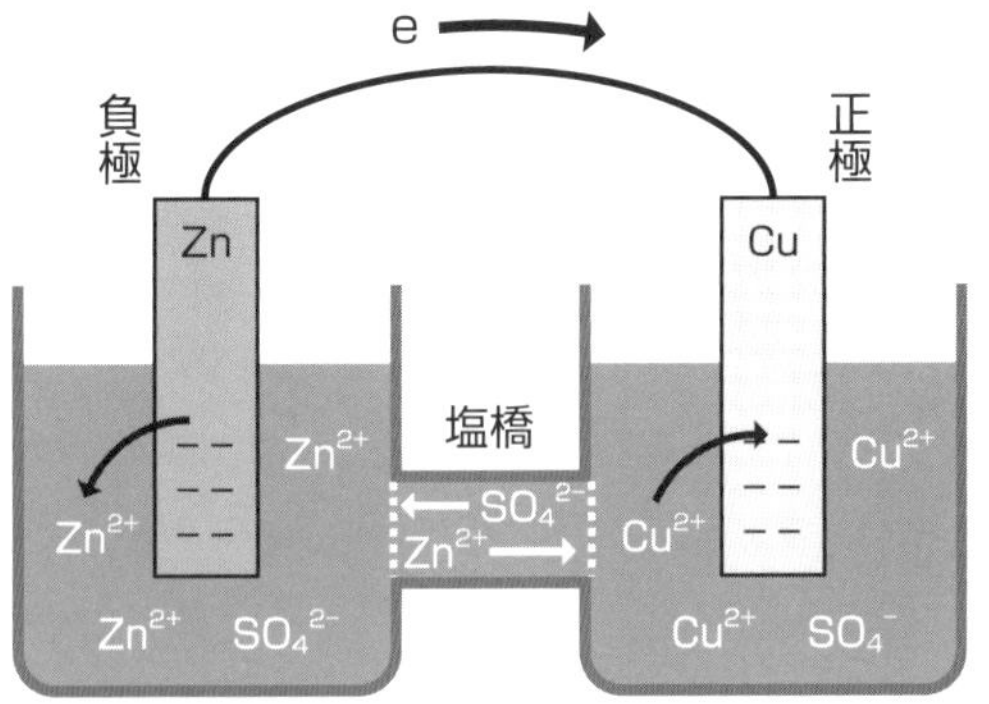

負極

$Zn \longrightarrow Zn^{2+} + 2e^-$

正極

$Cu^{2+} + 2e^- \longrightarrow Cu$

銅$CuSO_4$水溶液に浸したCu極がセットしてあります。両槽は塩橋で結んでありますが、塩橋には塩化カリウムKCl水溶液で固めた寒天などが入れてあります。

❷ダニエル電池の原理

ボルタ電池と同様、Zn極で発生した電子は導線を通ってCu極に達します。しかし、ここで待っている陽イオンはボルタ電池の場合と異なり、Cu^{2+}とH^+です。両者を比較すればCu^{2+}のほうがイオン化傾向は小さく、電子を受け入れて中性原子になる傾向が強いです。したがってCu^{2+}が電子を受け入れてCuになり、H^+のほうはそのままなので、水素ガスH_2は発生せず、分極は起こらないことになります。

しかし、反応が進むと、左側の反応槽ではZn^{2+}が増えた分だけSO_4^{2-}が足りなくなり、反対に右側の反応槽ではCu^{2+}が少なくなり、その分SO_4^{2-}が多くなります。このバランスを戻すため、SO_4^{2-}イオンが塩橋を通って右から左に移動するのです。従ってこの電池の電解質は硫酸亜鉛$ZnSO_4$水溶液と硫酸銅$CuSO_4$水溶液、及び塩橋ということになります。

SECTION 20

一次電池と二次電池

化学電池は、出発物である化学物質が反応して生成物となるときに発生する反応エネルギーを電気エネルギーとして取り出す(放電)装置です。したがって、出発物が全て反応物となった時点で反応エネルギーの生産は終わり、電池としての寿命も終わりになります。このような電池を一般に一次電池といいます。ボルタ電池、ダニエル電池、あるいは現代の乾電池などは全て一次電池です。

二次電池

ところが電池の中には、放電時と逆向きの電流を外部から流すこと(充電)によって、一旦生成した生成物を元の出発物に戻すことのできる電池があります。再生された出発物質は改めて反応してまた放電することができますから、このような電池は充電を繰り返すことによって何回でも放電を行うことができるので二次電池といいます。二次電池は、蓄電池、バッテリー、あるいは充電池などと呼ばれることもあります。

鉛蓄電池

種類のたくさんある二次電池の中でもっとも良く知られているのは鉛蓄電池でしょう。一般にバッテリーといったら鉛蓄電池です。アルコールの種類は数えきれないほどある中で、一般にアルコールといえばエタノールを指すのと同じ状態です。

鉛蓄電池は、ルクランシェ電池、乾電池などが登場したのと同じ時代、1859年にフランス人のガストン・プランテにより発明されました。ようやく実用的な一次電池が誕生したのとほぼ同じ時代に充電可能な二次電池が開発されているのです。

鉛蓄電池の構造

鉛蓄電池の基本的な部分の模式図は、ボルタ電池と大差ありません。要するに電解質としての硫酸H_2SO_4の中に、負極としての金属鉛Pbと正極としての酸化鉛PbO_2がセットしてあります。

ここであらかじめ注意しておきたいのは、電池を構成する物質の重さです。硫酸は、濃硫酸では比重1・84と水の2倍近く重い液体であり、鉛は比重11・3と鉄(7・9)の1・5倍ほど重いということです。つまり、鉛蓄電池は非常に重い電池なのです。

また、硫酸は強い酸なので、肌に触れたら化学火傷をおこすなど危険ですし、鉛は重金属で神経毒として知られ、多くの現場で使用が差し控えられています。

放電・充電の機構

二次電池は、まず放電し、放電し終わったら充電して元の状態に戻り、また放電するということを繰り返す電池です。

❶ 放電機構

まず、放電の機構を見てみましょう。これは単純です。要するにボルタ電池の負極の亜鉛と全く同じです。つまり負極の金属鉛Pbが電離して鉛イオンPb^{2+}と電子e^-になります。この電子を外部回路を通って受け取った二酸化鉛が化学変化します。つまり、PbO_2のPbは4価の陽イオンPb^{4+}となっています。これが電子を受け取って2価のPb^{2+}となるのです。

- **負極**　$Pb \rightarrow Pb^{2+} + 2e^-$
- **正極**　$Pb^{4+} + 2e^- \rightarrow Pb^{2+}$

つまり、放電の生成物は負極も正極も同じ2価の鉛イオンPb^{2+}であり、これは硫酸イオン$SO_4{}^{2-}$と反応して硫酸鉛$PbSO_4$となります。

電子の授受だけならこれで終わりですが、実際の生成物まで含めた反応式は次のようになります。

●放電機構

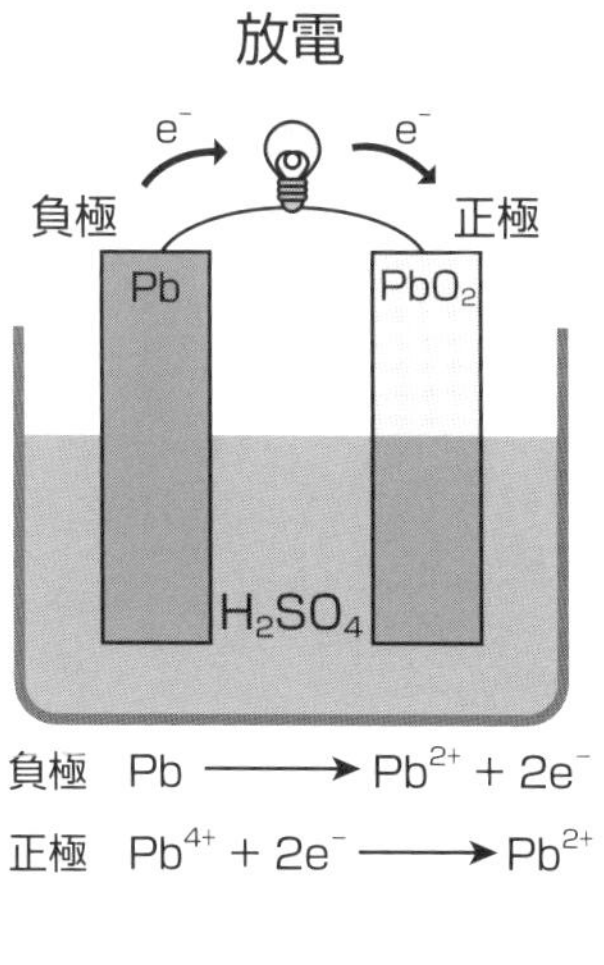

・負極　$Pb + SO_4^{2-} \rightarrow PbSO_4 + 2e^-$

・正極　$PbO_2 + 2e^- + SO_4^{2-} + 4H^+ \rightarrow PbSO_4 + 2H_2O$

つまり、負極も正極も、生成物は全く同じ硫酸鉛$PbSO_4$なのです。これは二次電池にとって決定的に重要なこととなります。

❷充電機構

充電というのは、電池に放電の場合と全く逆の電流を流すことをいいます。つまり放電では、「負極は電子を放出し、正極は電子を受け取る」ということです。この逆ということは「負極は電子を受け取り、正極は電子を放出する」ということです。その結果、起こる反応は次の通りです。

・負極　$Pb^{2+} + 2e^- \rightarrow Pb$

●充電機構

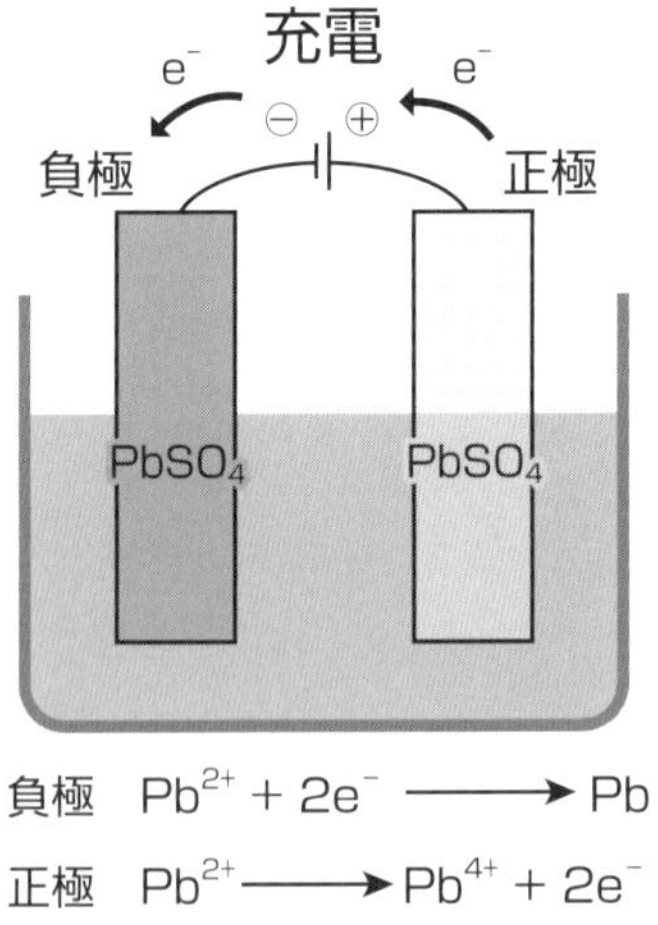

・正極　$Pb^{2+} \rightarrow Pb^{4+} + 2e^{-}$

この結果、負極は元の金属鉛Pbに戻り、正極は酸素と反応して酸化鉛PbO_2にもどって、電池は元の状態に戻って放電に備えることになります。

❸二次電池の機構

放電機構と充電機構の反応機構は、矢印↓をひっくり返しただけで、他は全く同じことに気付かれるのではないでしょうか。つまり、二次電池の反応機構は両辺を結ぶ矢印↓を、両向きの矢印⇅で置き換えれば良いことがわかります。

・負極　$Pb \rightleftarrows Pb^{2+} + 2e^{-}$

・正極　$Pb^{4+} + 2e^{-} \rightleftarrows Pb^{2+}$

このように、反応式の右側へも左側へも進行することができる反応を一般に可逆反応といいます。酸化・還元反応、つまり電池の反応は典型的な可逆反応の一つなのです。二次電池は決して特殊な電池ではなく、むしろ、電池はすべて二次電池になる能力を持っているというべきでしょう。

SECTION 21

リチウムイオン二次電池

現代人は電子機器の助けを借りずに現代人としての生活を満足することはできません。スマホ、ケータイ、それらの能力で運営される、Ｗｅｂ、ＬＩＮＥ、ＳＮＳなどの繋がりが無くて、若い人々が普通の交流を保っていくことが可能なのでしょうか？

これら現代最先端の社会生活を保障する最先端電子機器、スマホやノートパソコンの電源は決まってリチウムイオン二次電池です。最先端の旅客機であるボーイング７８７に使われる電池も同じです。逆に言うと、リチウムイオン二次電池の登場がこれら最先端電子機器の登場を可能にしたと言えるかもしれません。それほど、リチウムイオン二次電池は強力で有用な電池です。

しかし、問題も抱えています。その一つはボーイング７８７の開発当初に繰り返され多発事故であり、同時に起こったパソコンの発火事故です。

リチウムイオン二次電池の構造

リチウムイオン二次電池は、負極と正極のあいだをリチウムイオンLi^+が移動することによって起電、充電する電池です。リチウムイオンは非常に小さく、水素原子の2倍ほどの直径しかありません。

電池の構造は図のようなものです。負極はリチウムを貯蔵する炭素Cであり、正極はコバルト酸リチウム$LiCoO_2$です。負極は簡単に言えばリチウムの容器です。容器であるためには、リチウムの収用能力が問題です。現在の負極材料は、原子レベルで見ると多孔質で、リチウムをたくさん収納できる黒鉛(グラファイト)などが用いられます。グラファイトは6個の炭素からできた6員環構造が連続した物なので、一般に

●リチウムイオン二次電池の構造

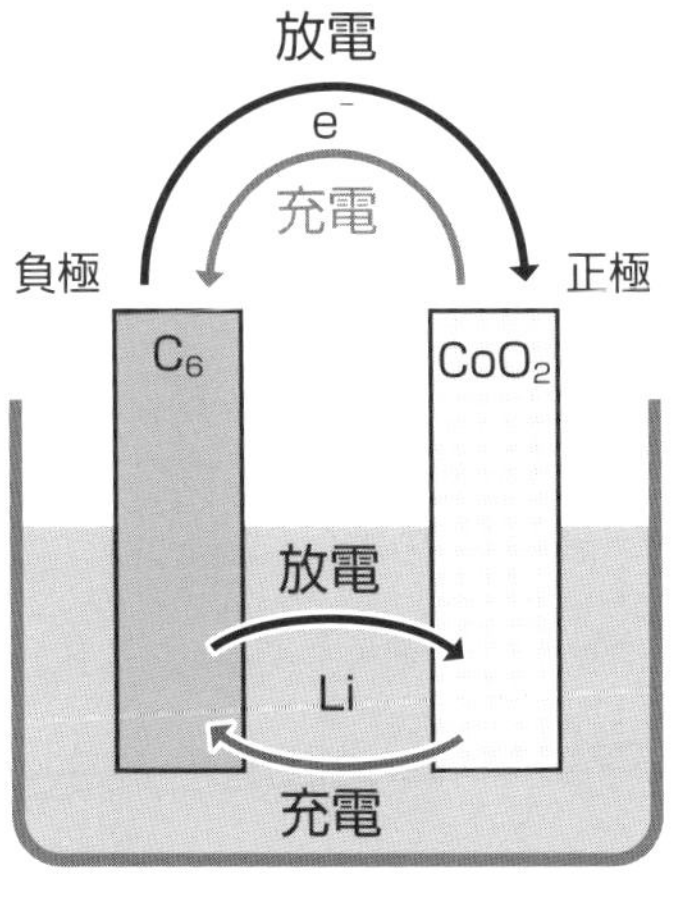

C_6と書かれます。一方、正極のコバルト酸リチウムは化合物ですが、この結晶は変わっており、結晶構造を保ったままリチウムを抜き出すことができます。つまりこれもリチウムの容器になれるわけです。電解液には、これもこの電池の特色になっており、後でわかるように、この電池の「泣き所」になっているのですが、有機溶媒が用いられます。

リチウムイオン二次電池の起電・充電機構

この電池の化学反応は単純です。問題は正極$LiCoO_2$結晶中のリチウム原子が何個抜け出すかです。多くの解説書では一般化してx個抜け出すとして説明してあります。その方が正確なことは言うまでもありませんが、慣れない方は、それではゴチャゴチャしてわかりにくいことも確かです。本書では簡単化して、全てのリチウムが抜け出したものとして見てみましょう。つま

●リチウムイオン二次電池の起電・充電機構

$$\text{負極}\quad C_6Li \rightleftarrows C_6 + Li^+ + e^-$$

$$\text{正極}\quad CoO_2 + Li^+ + e^- \rightleftarrows LiCoO_2$$

りリチウムの詰まった状態が「$LiCoO_2$」であり、リチウムが抜けた状態が「CoO_2」ということです。このようにすると反応式はあっけないほど単純になります。つまり「放電」の際には次のようになります。

- **負極**　$C_6Li \rightleftarrows C_6 + Li^+ + e^-$
- **正極**　$CoO_2 + Li^+ + e^- \rightleftarrows LiCoO_2$

すなわち、放電反応では負極のC_6から金属リチウムLiが抜け出して電離し、リチウムイオンLi^+と電子e^-になります。e^-は外部回路を通って正極に移動し、これが電流となります。一方、Li^+は電解液中を通って正極に移動し、分かれて到着したe^-と合体して中性の金属リチウムとなってコバルト酸リチウムCoO_2の結晶に潜り込んで$LiCoO_2$となります。

リチウムイオン二次電池の問題

リチウムイオン二次電池にはいろいろの材料が使われています。その材料を見てみましょう。

❶ 負極材料

炭素系の材料が一般的であり、主に黒鉛C_6が使用されていますが、チタン酸リチウム$Li_4Ti_5O_{12}$という複雑な構造のものを用いた商品もあります。これはコバルト酸リチウムと同様に、リチウムを出し入れすることができる結晶です。

❷ 正極材料

現在使われているものはコバルト酸リチウム($LiCoO_2$)が主ですが、他にコバルトCoをニッケルNi、マンガンMn、などの他の金属原子に置き換えた物も用いられます。

❸ 電解質

一般に、有機溶媒にリチウム塩、$LiPF_6$、$LiBF_4$、$LiClO_4$などを1モル/L程度溶解させた有機電解液が用いられています。有機溶媒としては炭酸ジメチル、炭酸エチレン、炭酸プロピレンなど、酸素をたくさん含む有機物が用いられます。この他に液体でなく高分子(ポリマー)を用いたリチウムポリマー電池もあります。薄くて軽く、形状が自由になるなどの利点はありますが、電池としての性能は若干落ちるようです。

❹ セパレータ

ポリエチレンやポリプロピレンなどのプラスチックからできた厚さ25マイクロメートルほどの膜に直径1マイクロメートル以下の小さな穴をあけたものが用いられます。先に見たダニエル電池における塩橋のような物を連想すればよいでしょう。

リチウムイオン二次電池の問題点

ボーイング787が就航した当時、電気系統のトラブルが頻発しました。全てリチウムイオン電池からの出火でした。それ以前にも、ノートパソコンに使われたリチウムイオン電池からの出火が相次ぎ、製造会社は数百億円に上る損失を出しました。

その大きな原因となっているのが全て電解液でした。有機溶媒が燃えるのは宿命です。しかも現在用いられているのは炭酸系で分子内に酸素を3個も持っています。燃えやすいのは当然です。リチウムイオン電池は現代社会に無くてはならない電池ですが、一方で解決されなければならない問題を抱えていることも確かなようです。

SECTION 22

全固体電池

「全固体電池」というのは、単に固体の電池のことを言うのではありません。構造の何から何まで固体の電池と言ったら、二種の半導体と2枚の電極板を重ねただけの太陽電池は究極の全固体電池と言うことができるでしょう。しかし、太陽電池の事を全固体電池とは言いません。もちろん、既存の乾電池やボタン電池などを全固体電池と言うこともありません。

全固体電池とは何か

全固体電池とは「新しいタイプのリチウムイオン二次電池」、つまり簡単に言えばリチウムイオン二次電池の改良版のことを言います。

改良版というのは簡単なことです。つまり「電解質が液体でなく、固体である」ということです。電池内に液体がなく、正極と負極の間に固体の「電解質セパレーター層」のみがある電池のことを言うのです。

全固体電池の原理と構造

従って「全固体電池の原理と構造」は、基本的に先に見たリチウムイオン二次電池と全く同じです。現行のリチウムイオン二次電池では、正極に$LiCoO_2$、負極に黒鉛C_6等の炭素が使用されているものが大部分ですが、これら電極に関しては全固体電池でも同様です。

違いは、現行のリチウムイオン二次電池が「電解質」として液体の「電解液」を使用するのに対して、全固体電池では「電解液」ではなく、「固体電解質」を使うということだけです。しかし、現在はまだ実験室レベルでは完成しているものの、量産技術が一部のみしか確立されておらず、本格的に使用されるまでには至っていません。

近年、電気自動車（EV）の普及とともに、その安全性が注目され、自動車メーカーや電機メーカーの間で研究開発が盛んに行われており、その方面からのプッシュも強くなっているようです。特に電気自動車の普及に向けては、現行の電池では航続距離や充電時間に課題があるため、全固体電池への期待は大きく、実用化に向けて開発が進められているのです。

全固体電池の長所

全固体電池はどのような長所を持っているのでしょうか？

❶ 軽量化

固体電解質の耐熱性は高く、電池の構造において冷却機構の占める体積や重量を減少することができます。また電池容器が占める体積や重量も大幅に低減することができます。これは電池のエネルギー密度を向上させることを意味します。

❷ 安全性

リチウム系電池の溶媒には有機溶媒が使用されています。この有機溶媒が可燃性の物質であるために、安全性の確保に細心の注意を払わなければならなくなっています。全固体電池ではそのような問題が一掃されます。

❸ 長寿命

高い起電力を有するリチウムイオン電池では、正極および負極表面で電解質の分解反応が起こりやすく、電池の性能を低下させる原因となっています。しかし、固体電解質で拡散する分子種はリチウムイオンのみです。そのため、液体電解質系において生じる溶媒分子やリチウムイオン以外の陰イオンの電極表面への反応種の供給は起こらず、電極表面での電気化学的分解反応は起こりにくくなります。また、電極活物質が電解質溶媒に溶け出すことも電池の劣化を引き起こす副反応ですが、固体電解質ではこの反応も起こりません。

全固体電池の短所

期待が膨らむ全固体電池ですが、良い所ばかりでもないようです。

全固体電池の短所を見てみましょう。

❶高出力密度

固体化する際の最大の課題は、出力性能の低下です。通常の場合、イオンの移動度は固体中より液体中のほうが高く、そのため、現在使用される電池のほとんどが液体の電解質を用いています。多くの場合、電解質を液体から固体に変えると、電池の出力性能は低下することが知られています。その解決が問題です。

❷危険性

全固体電池では発火の危険性は無くなっています。しかし、種類によっては有毒気体の発生の危険性が指摘されています。そのため、研究所、試験製造所まで特別仕様がほどこされているといいます。普通の人が乗る自動車にそのようなことが無いように望みたいものです。

全固体電池の用途

全固体電池は充電可能な二次電池ですから、現在電池を使っている機器などのようなものにでも使うことができます。その上、これまでに見てきたような特徴、長所を持っていますから、今後、現在の全ての電池が全固体電池に置き換わる可能性もあります。

❶電気自動車

問題はコストです。今後、量産を重ねて価格が低下したら、世界の電池事情、電気事情は大きく変わるのではないでしょうか?

現在最も期待されているのは車載用の全固体電池です。現在のガソリン、重油などで動くエンジン車は数十年後には姿を消すでしょう。モーターで動く電気自動車は構造が簡単であり、それだけに現在、自動車製造にかかわっている業種の多くは仕事が無くなる可能性があります。つまり、社会の産業構造が大きく変化する可能性があります。

❷社会蓄電機能

現在、全固体電池に期待されているのは蓄電池としての能力です。地球温暖化に怯える社会は化石燃料の使用を放棄しようとしています。代替エネルギーは原子力発電と風力発電、太陽電池などの再生可能エネルギーです。

しかし、再生可能エネルギーの発電量はお天気任せです。天気の良い時には電力が余り、天気が悪いと電力不足になります。電力は貯蔵できないのが困りものです。そこで、余剰電力を車載の全固体電池にためておく(充電しておく)のです。そして電力が足りなくなったらその電力を使おうというアイデアです。

もちろん1台の車の電池ではたかが知れています。しかし、地域の車をネットワークでつなぎ、電気貯蔵供給システムVPP(Virtual Power Plant)を構築するのです。自動車を社会インフラの一環と考えるスマートグリッドはこれから広がる新しい試みということができるでしょう。

Chapter.5
再生可能発電

SECTION 23

古典的再生可能発電

現代文明において電気は欠かせないものです。何より大切と言っても過言ではないでしょう。それだけ大切なものなのに、他の大切なもの、例えば食糧や衣料と違って自然界から採取してくるというわけにいきません。石油や天然ガスと違って、どこかを掘れば湧いてくるとか、ウランと違って、地上に無くなっても海水から抽出することができる、というようなものでは無いのです。

それなら自然界に電気は無いのかといえばそんなことはありません。自然界を作る原子は電子と陽子からできています。いわば電気からできているようなものです。それでも、「これが電気です。どうぞお使い下さい」という形で持ってくることのできる電気はないのです。雷は電気ですが、いつどこで発生するかわかりません。しかも発生したら高電圧、大電流です。このようなものを集めて送るような巨大施設を不特定な場所に設置するのは不可能です。積乱雲の中にも巨大電流が存在しますがこれも同様です。集めて運んで使用するということのできるものではありません。ということで、電気エネルギーは人間が自分で作りださなければならないのです。

再生不可能発電とは

エネルギーにはいくつかの分類が可能です。それがどのようなものかは、分類の視点によって変わりますが、一つの視点によれば次のようなものになります。

① **再生不可能な再生産不可能エネルギー**
② **再生可能な再生産可能エネルギー**

そして、再生可能エネルギーはさらに、次のどちらかとなります。

🅐 **使っても、その廃棄物を元のエネルギーに戻せるもの**
🅑 **いくら使っても無くならない、無尽蔵なエネルギー**

●エネルギーの分類

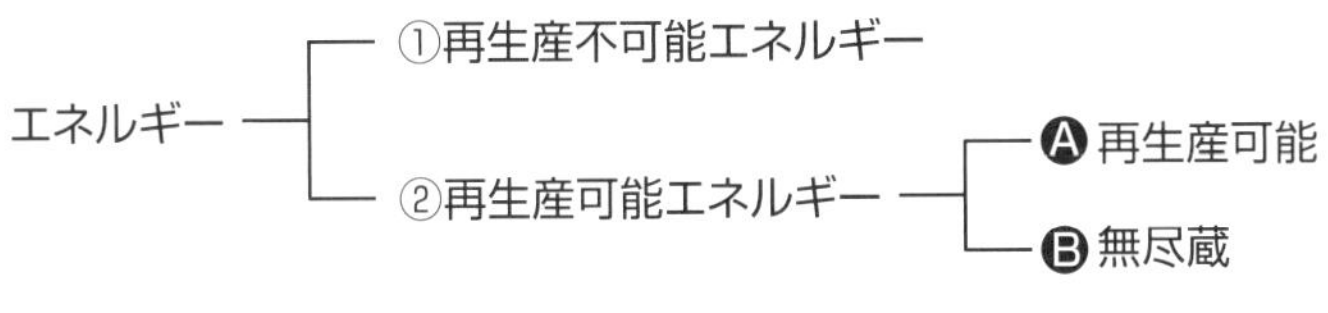

例を探すのが簡単なのは②の再生可能エネルギーのうちのⒷでしょう。例えば、川の水は雨が降らなくならないかぎり、無くなりません。その水で発電する水力発電は、いくら発電しても再生産可能なエネルギー②Ⓑです。風力発電、波浪発電、太陽電池もそうでしょう。これらはすべて太陽のエネルギーを利用した発電です。

それでは薪はどうでしょう？　植物の薪は炭水化物$C_m(H_2O)_n$からできています。燃えれば二酸化炭素と水になります。しかし、種を撒けば芽を出し、葉を茂らして光合成をおこないます。光合成は二酸化炭素と水を原料にして炭水化物を作る作用です。つまり、薪は再生しているのでから正真正銘の再生可能エネルギー②Ⓐです。

生物が発酵で作るバイオ燃料、つまり植物から作るバイオエタノール、各種生ゴミから作るバイオメタン、バイオ石油も同じです。これらも巡り巡ってまた元の植物や生ゴミに戻ってきます。ですからこれも再生可能エネルギー②Ⓐになります。

それでは①の再生産不可能エネルギーは何でしょう？　典型的なのは化石燃料です。化石燃料は太古の生物の遺骸です。燃やせば水と二酸化炭素になります。この二酸化炭素と水を元の燃料に戻せるでしょうか？　まさしく①の再生産不可能なエネルギーです。

古典的再生可能発電

再生可能エネルギーを用いた発電のうち、古典的なものをみてみましょう。

❶ 水力発電

水は太陽の熱によって蒸発して雲になり、雨として降って川に入り、ダムに溜まって水力発電を行います。ですからエネルギーは無尽蔵です。

❷ 風力発電

空気は太陽の熱によって膨張して軽くなって上昇し、上空で重くなって下降し、山や林によって行路を変更されて風になります。つまり風力の根源も太陽エネルギーです。

●再生可能発電

SECTION 24

太陽エネルギー発電

太陽が送ってくるエネルギーを太陽エネルギーと言いますが、それには熱エネルギーと光エネルギーがあります。太陽は恒星であり、そのエネルギーは水素原子の核融合反応によるものですから、燃料になる水素原子がなくなったら終わりです。ですから、太陽エネルギーは、いつかは無くなる有限なエネルギーですが、それは数億、数十億年先のことであり、少なくともわたしたちホモサピエンスの心配することではありません。

ですから、太陽エネルギーを起源とするエネルギーは一応、無尽蔵なエネルギー、つまり再生可能エネルギーとみて良いでしょう。

ここではそのうち、比較的新しく開発されたものを見てみましょう。

太陽電池

太陽電池は「電池」とは言っても化学電池とはまったく違います。太陽電池では化学反応はおきません、ですから消耗する物も発生する廃棄物も何もありません。太陽電池が割れるか、断線するか、汚れて太陽光を通さなくなるまで半永久的に発電し続けます。ということは、補給や修繕の必要が無いということです。ですから、断崖で人が通いにくい所とか、海のど真ん中に浮くブイの発電など、どのような所にでも電気を届けてくれる、まことにありがたい電池ということができるでしょう。

❶構造

このようにありがたい電池ですが、太陽電池の構造は嘘のように簡単です、太陽電池にはいくつかの種類がありますが、一般的なのはシリコン（ケイ素）半導体を用いたシリコン太陽電池です。シリコンはもともと半導体の性質を持っていますが、純粋シリコンは伝導性が低くて太陽電池には向きません。そのため、少量の不純物を混ぜて不純物半導体とします。

この時、混ぜる不純物にホウ素Bを使うとp型半導体、リンPを使うとn型半導体となります。シリコン太陽電池の構造はこの二種のシリコン半導体、p型半導体とn型半導体を接合しただけのものです。つまり透明電極、n型半導体、p型半導体、そして金属電極を重ねあわせれば完成です。重要なのは両半導体の接合面であるpn接合です。

❷発電機構

太陽光は透明電極と、非常に薄くてほとんど透明なn型半導体を通過してpn接合面に達します。するとその光エネルギーを電子が吸収して活性化し、n型半導体

●太陽電池の構造

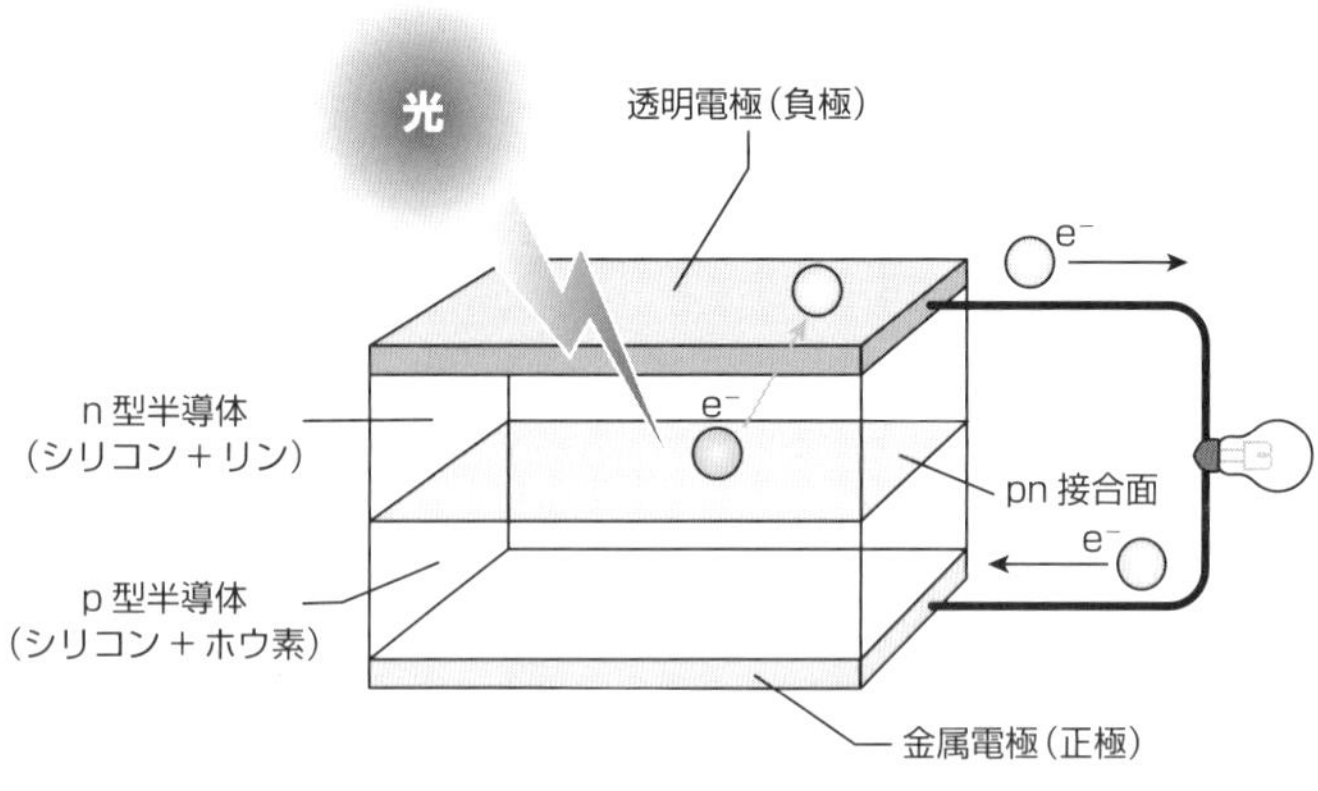

中に飛び出します。これは透明電極を通過して導線に達し、導線中を通って電球にエネルギーを渡した後、p型半導体を経由してpn接合面に戻るというわけです。ですから何も減らないし、何も増えないというわけです。可動部分もありませんから故障もおきません。

太陽電池にはシリコン型のほかに化合物半導体を、用いた化合物太陽電池、有機半導体を用いた有機太陽電池なども実用化されていますが、前者は高価であり、後者は発電効率が悪いので、一般民生用にはもっぱらシリコン型が用いられています。

海洋温度差発電

海洋表面は太陽光に照らされて、赤道地帯では30℃ほどの高温になります。しかし、深海には光は届かず、500m深度では7℃になります。この温度差を利用して発電しようというのが海洋温度差発電です。

装置の模式図は図に示した通りです。すなわち沸点20℃程度の適当な有機溶媒をポンプで海底に送って冷却します。それを海面に送ると、海面の高温（26℃）で溶媒は気化して気体となります。この際の体積膨張を利用して発電機を回すのです。水蒸気の圧力で発電機を回すのと同じことです。仕事を終えて気体状態に戻った溶媒は再びポンプで海底に送られて冷やされて液体となり、次には海面に戻って気体になるということを繰り返すのです。

●海洋温度差発電

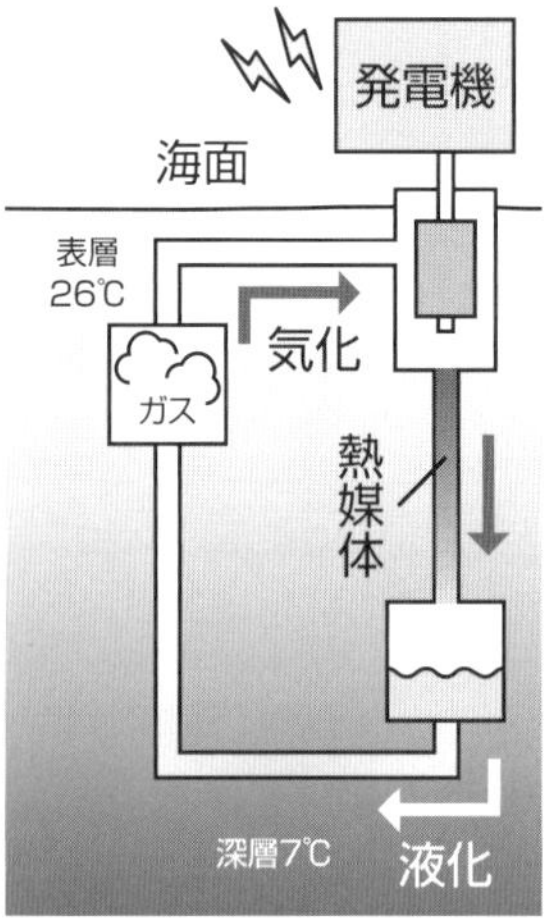

波浪発電

海には波(波浪)が付き物です。数十センチの高さにしろ、海水が上下しているのです。しかも、休むことなくです。このエネルギーを積算したら、大変なエネルギーになるはずです。

波浪発電は、海水面に現れる波(波浪)を利用した発電です。1回の波の上下で発電する量は少ないでしょうが一日中、一年中繰り返されるとその総量は馬鹿にならないものになります。

図は波浪発電の模式図です。原理は風力発電のようなものです。すなわち、適当な円筒内で波が上下すれば、それによって円筒内の空気が円筒を出入りし、風が起こることになります。この風を利用して発電機のタービンを回すのです。

いかにも芸が細かいですが、その通り、発電量も小さいです。現在では海上でのブイの電力供給などに実際に利用されていますが、可動部分があるため、故障の可能性があります。そのため、可動部分が無く、故障の可能性の無い太陽電池に置き換えられつつあるのは残念なところです。

●波浪発電

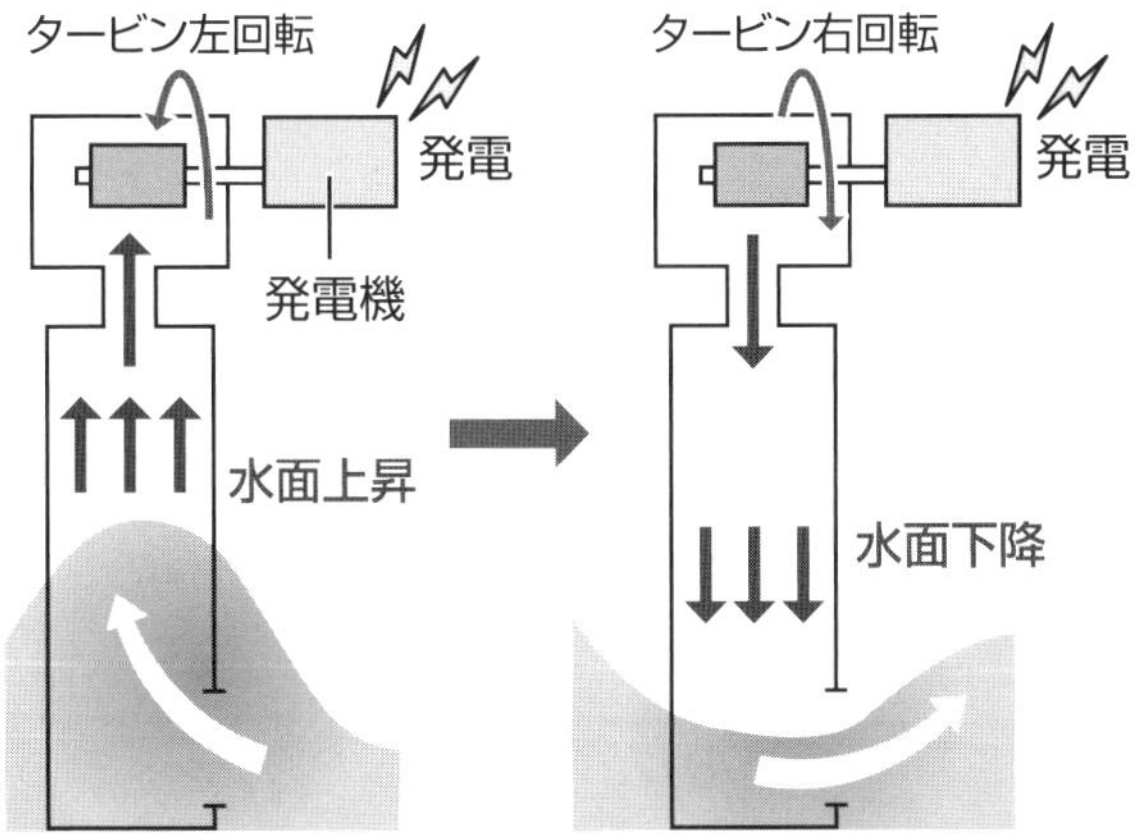

SECTION 25

地球の熱エネルギー発電

地球は水の惑星などと言われますが、残念ながら、地球の重さの1/3は鉄Feの重さです。水は地球の表面にサラッと着いているにすぎません。それどころではありません。水が液体として存在できるのは地球表面だけであり、中心は太陽表面温度と同じ6000℃になっています。

また、ロシア文学で冷たい大地といわれる地殻はわずか30㎞の厚さしかなく、地球の直径1万3000㎞に比べればリンゴの皮ほどの厚さもありません。そして、地殻の下はマントルであり、温度は3000℃もあります。そのうえ、地殻の所々にはマグマと呼ばれる溶岩だまりがあり、そこからは火山が通じています。

地球がこのように熱いのは内部に存在する放射性元素の崩壊エネルギーによるものであり、その意味で地球は原子炉のようなものなのです。

地熱発電の可能性

日本にある活火山の数は111であり、源泉の数は2万8000といわれます。要するに日本の地下にはそれだけの熱エネルギー源が埋まっているわけです。これを利用することこそは、これからのエネルギー対策ではないでしょうか？　日本には石油も天然ガスもないエネルギー貧乏国だといいますが、これだけの熱エネルギーに恵まれながらそのようなことを言ったのでは、神様に僻んでいるといわれるのではないでしょうか？　この地殻表面の低温(常温)と地殻深部の高温という温度差を用いて発電しようというのが地熱発電です。

●地熱発電所

地熱発電の原理

地熱発電には2種類あります。現実的な発電法と理想的な発電法です。

❶現実的な方法

現在行われている現実的な方法では、井戸を掘って地下から天然の高温水蒸気を採集し、それで発電機を回した後、冷却された水(水蒸気)は排水として環境に流し出すか、ポンプで地中に戻すというものです。しかし、戻すと言っても元の地層に戻すのではなく、かなり浅い地層に戻すことになります。したがって、地下の水蒸気はいわば使い捨てとなっています。そのため、地下水の枯渇、あるいは地盤の変化などが起こる可能性があります。

❷理想的な方法

図は理想的な地熱発電の模式図です。地表から深部にポンプで水を送り、地熱で暖められた結果発生した水蒸気を回収し、それで発電機を回した後、冷却した水をまた深部に送り込むという仕組みです。熱以外の環境には手を付けないというのが重要な点です。

地熱発電の技術でトップを行っているのが日本です。そのため、日本は世界各地で地熱発電装置を設置しています。ところが、日本での現在の地熱発電量は53万kWで世界第8位に過ぎません。その原因の一つといわれるのが行政の壁です。地熱発電に向く場所の多くは既に温泉として利用されており、また、国立公園などに指定されています。国立公園では草木一本採集するにも許可が必要です。

ということで、建設のためには膨大な書類手続き上の問題が発生し、事実上、なかなか設置の許可が下りないということになってしまいます。

●理想的な地熱発電のイメージ

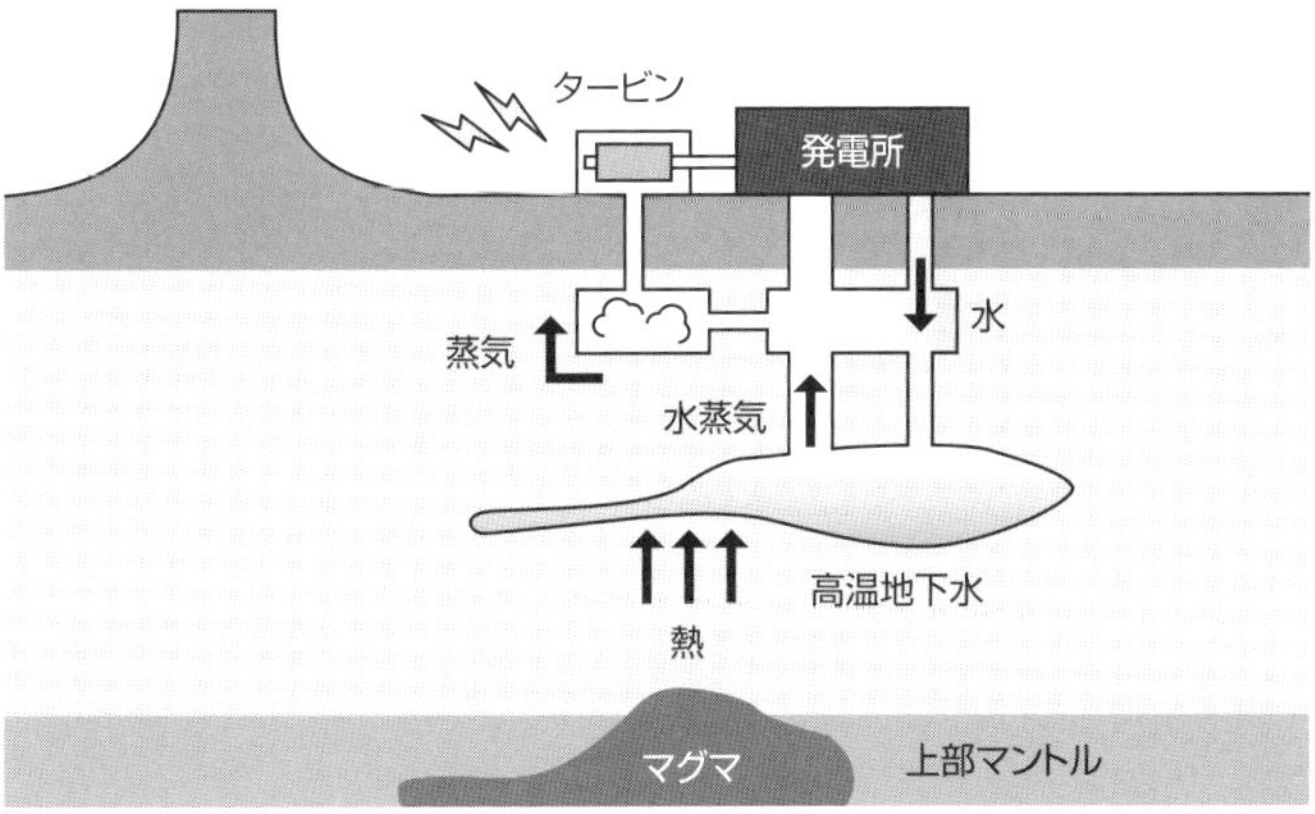

SECTION 26

月の引力発電

地球には、自分自身に基づくエネルギーの他に、天体に基づくエネルギーもあります。それは先に見た太陽のエネルギーですが、それ以外にもあります。それは月の影響です。月は引力というエネルギーを持ちます。そしてこの巨大なエネルギーで地球表面の水を引っ張っているのです。海面の干満は、このエネルギーに基づくものです。このエネルギーを利用しない手はありません。

❶ 潮汐発電の原理

潮の干満は言うまでも無く、地球と月の位置関係から起こる現象です。月は引力（重力）を持ち、地球を引き付けています。しかし、地球の位置や土石の分布をどうにかしようというには月の引力は弱すぎますが、水ならどうにかなります。

すなわち、月が頭上に来た時には海水が頭上に引き寄せられ、海水面が高くなります。これが大潮です。反対に月が地球の裏側に行ったときには海水はそちらに引き寄せられ、自分のいる側は海水が少なくなって引き潮となります。

この干満の差は、地形によって大きく作用されますが、大きなところでは干潮と満潮で海水面が20ｍほど異なるといいます。

❷潮汐発電所

潮汐発電所の模式図は図に示した通りです。すなわち、干満の差が大きな場所に適当な小型の湾があったとします。満潮時には湾は海水で満たされて海面は上昇し、反対に干潮時では海水は無くなって海面は低下します。もし湾の入り口をダムで塞ぎ、満潮時に開き、干潮時に閉じると、湾には大量の海水が滞留し、海面は上昇したままになります。

●潮汐発電

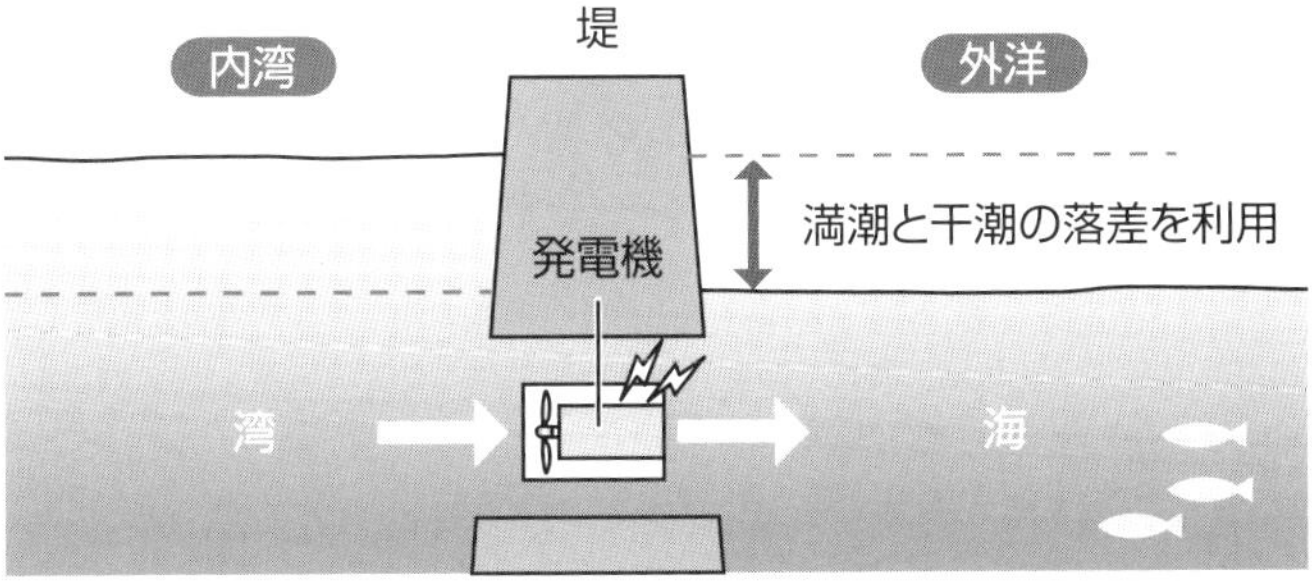

ここで水門を開くと、滞留した海水は湾外に流れ出ようとし、水門に設置されたスクリューを回転して発電機を回転して発電することになります。工事は大変でしょうが、アイデアは単純明快で、川の水を堰き止める水力発電と同じです。問題はこの模式図のように干満の差が大きく、かつ湾口が適当な大きさの湾があるかどうかということに尽きます。

既存の施設としては、世界最初の潮汐発電所として有名なフランスのランス発電所（出力24万kW）や、ノルウェーのクバルスン発電所（70万kW）などが知られています。

日本でも有明海の一部では干満の潮の差が6ｍに達することから、潮汐発電の可能性があると言われます。しかし、漁業や農業への影響はもちろん、環境に対する影響が大きいことから、実現には問題があるようです。このように、ダム発電、潮汐発電に関わらず、水力発電には、大きな土木建築が必要になり、周辺の環境を大きく変化させる可能性があることが最近、大きくクローズアップされています。

SECTION 27

生物エネルギー発電

バイオエネルギーあるいはバイオマスエネルギーは、その名のとおり生物のエネルギーであり、人類がその歴史の最初の段階から利用し続けてきたエネルギーです。原始的なものとして枯草を集めて火を燃やすのはバイオエネルギーを熱エネルギーとして利用したものです。また狩猟、農耕が始まってからは馬を移動の手段に用い、牛を農耕の手段としましたが、これはバイオエネルギーを機械エネルギーとして用いたことになるでしょう。初期アメリカでは奴隷を用いて綿花生産を行いましたが、これも人力を動力とみなした歴史の汚点といえるでしょう。

バイオマスエネルギーとは?

バイオマスエネルギーはバイオ、つまり生物の力を借りて作りだしたエネルギーのことをいいます。石炭も石油もその意味ではバイオマスエネルギーですが、化石燃料はバイオマスエネルギーとは呼びません。バイオマスエネルギーとは、その母体が現在生存しているものだけをいいます。

たとえば木材(薪)が燃焼して二酸化炭素と水になったとしても、次の種がこれらを原料として再度、薪に成長してくれます。木材ならこの繰り返しには数十年掛かりますが草なら1年でよみがえります。まさしく再生可能エネルギーなのです。

このように、木材は燃焼に伴って発生した二酸化炭素(炭素、カーボン)を繰り返し使用するので、使用に伴って二酸化炭素の量を増やすことがありません。この意味でカーボンニュートラルな燃料と言われます。

それに対して、化石燃料は採掘、燃焼が続けば、いつかは無くなってしまいます。したがって化石燃料は無尽蔵でも、再生可能でもないということになります。

微生物によるもの

一口にバイオマスエネルギーといってもいくつかの種類があります。木材はもちろん、微生物の発酵によるもの、人間の社会活動によるものなど、これまで見逃されてきたものがいくつかあります。

❶メタン発酵

メタン発酵は、生ゴミなど生物由来の物質を嫌気性細菌によって分解発酵させ、天然ガスの主成分であるメタンガスCH_4を得るものです。メタン発酵法の利点は、その利用可能な原材料の多様さにあります。有機物ならば何でもOKと言って良いでしょう。栽培植物はもちろん、食品産業や家庭から排出される生ゴミ、さらには家畜の糞尿など、利用できないものはありません。

現在、不要物どころか、厄介物として廃棄するのに困っているような廃棄物が将来、貴重なエネルギー資源として見直される可能性が大きいのです。中国ではポットントイレで用を足したのち、匂いを消すためにマッチを擦ったところ、ドカン！となったというような笑えない話があります。日本でも、下水道の汚泥処理に使うべきではないでしょうか？

❷ エタノール発酵

植物を酵母菌を使ってアルコール発酵させて二酸化炭素とエタノールにし、このエタノールをガソリンなどの代わりに燃料として用いるというものであり、既に商業ベースで利用されています。

この方法に技術的に問題はありませんが、倫理的な問題は指摘されています。それは、この発酵法の商業的な原料として利用されているのがトウモロコシだということです。トウモロコシは世界の三大主食の一つであり、多くの人類が主食として利用しています。世界的な食料不足が叫ばれるなか、この主食を食物にしないで燃料とするのです。問題が起こるのは当然です。

しかし、主食になるのはトウモロコシの実の部分、つまりデンプン部分だけです。実の部分は主食にまわしてそれ以外の廃棄物部分を発酵させればよいとは誰しもが思うところでしょう。葉や茎、すなわち人間の食用にならないセルロース部分をセルロース分解酵素で分解させて、ブドウ糖とし、それをアルコール発酵させれば、立派な醸造アルコールが手に入るはずです。今後の研究を待ちたいものです。

人間の働きが関与するもの

バイオというと他人事のように聞こえますが、人間だってバイオです。ここでは人間が直接関与する発電をみてみましょう。

❶ 廃熱発電

先に見た海洋温度差発電はわずか20℃ほどの温度差を利用して発電しようというものでした。この程度の温度差ならば身のまわりにたくさんあります。これを発電に利用できるとしたら画期的ではないでしょうか？　温度差の大規模なものとして原子力発電所の冷却水や火力発電所や一般工場のボイラーの冷却水です。一般家庭の風呂のお湯だって同じです。このような熱は廃熱と呼ばれ、不要の厄介者として環境に捨てられていました。しかし、貴重な熱エネルギーであることに変わりはありません。このような温度差を有効に利用しようということで、最近、低温熱エネルギーの見直しが始まろうとしています。エネルギーの大量生産、大量消費の時代は終わりです。これからは小規模エネルギーの積み上げのような地道な努力が求められます。

❷雑踏発電の現実

人間は、歩く都度一歩毎に大地に踵を着き、指を返して大地を蹴ります。このエネルギーは相当のものです。靴のかかとがすり減るのはもちろん、神社の階段の石さえすり減ります。車道では1トン以上もある自動車が走り回ります。このエネルギーを発電に利用することはできないかと考えたのが雑踏発電です。原理は、電気信号を振動に変えて音を出すスピーカーの原理を逆に利用するだけです。つまり、圧力が加わると電気が発生する「圧電素子」を利用するのです。しかし、実験によればこの方法では、微弱な電力しか得ることができないようです。中央環状線を用いた実験では、60×30㎝の大きさのユニットを10台設置して、得られた電力はわずか0・1Whでした。一週間充電したとしても、20W電球を一時間弱しか点灯させることができない発電量といいます。しかし、今後の技術開発によって発電能力を100倍程度にすることは可能であり、その場合、首都高のトンネル以外の高架部分約235㎞全てに発電ユニットを設置したとすると、東京23区約400万世帯の使用電力の約40%をカバーできる計算といいます。圧電素子の寿命は長いので、設置すれば、長期間発電することができます。無公害で環境にも優しいため今後の開発が望まれる技術と言えるでしょう。

Chapter.6
原子力発電の今後

SECTION 28

現在の原子力発電

アメリカ大統領アイゼンハワーが「原子力平和利用」の演説を行い、原子力発電の世界的開発に弾みがついたのは１９５３年のことでした。以来、原子力発電所は世界各地に建造され、２０２１年現在、世界中で４３４基が稼働中であり、日本でも10基が再稼働中です。しかし、原子力発電の発展は順調に右肩上がりに成長してきたわけではありません。石油危機、エネルギー危機といわれると原子力発電への期待は膨らみ、事故が起きたというとその期待はしぼみます。

１９７９年にアメリカで起きたスリーマイル島原発事故、１９８６年に旧ソ連で起こったチェルノブイリ原発事故が世界に与えたショックは大きく、その後は原発開発の加速度は落ちますが、それもほとぼりが冷めるまでで、しばらくするとまた原発建設が始まります。

２０１１年に起きた日本の福島原発のショックも大きく、日本では原発中止の声まで上がりましたが、2022年には原発再稼働の声が上がっています。とくにここ数年は世界的に気候変動の幅が大きく、その原因は化石燃料の使用に基づく二酸化炭素の増加という声に押されて、代替エネルギーとしての原子力発電が見直されているようです。

原子力発電の大原理

原子力発電というと、なにやらものすごい理論と技術を用いた「神秘的な発電」と思われるかもしれませんが、とんでもない話です。原子力発電は原理的には火力発電と同じです。

火力発電では、火で温めたボイラーで水を加熱して水蒸気とし、それを発電機のタービンの羽根にぶつけてタービンを回して発電します。原子力発電も同じです。まず、発電機は火力発電と同じです。それに蒸気をぶつけるのも同じです。違いは、蒸気を作る道具がボイラーではなく、原子炉だというだけのことです。つまり原子炉は水蒸気を作る道具なのです。いわばボイラーの兄貴分、悪く言えば成り上がりにすぎません。

原子力発電に用いる物

原子力を用いた発電システムは、いろいろ考えることができますが、現在一般化している原子力発電は、燃料にウラン235を用い、原子核反応には核分裂連鎖反応を用いるシステムです。

❶燃料の濃縮

原子核は陽子（記号p）と中性子（記号n）という2種の微粒子からできています。陽子と中性子は重さ（質量数A）は同じですが、電荷が異なります。陽子は＋1ですが、中性子は電荷をもっていません。原子核を構成する陽子の個数を原子番号（記号Z）、陽子と中性子の個数の和を質量数（記号A）といいます。

ウランUは原子番号82ですから、82個の陽子を持っていますが、中性子数は153個の^{235}Uと156個の^{238}Uの二種があります。このように、原子番号が同じで質量数の異なる原子を互いに同位体といい、元素記号の左肩に書く質量数によって区別します。

同位体は、化学的性質は全く同じですが、原子核の性質つまり反応性は全く異なることがあります。異性体の多さはまったくケースバイケースで、片方がほとんどすべてを占める場合もあれば、両方がほぼ同じ割合のこともあれば、10種以上の同位体が存在することもあります。

ウランの場合には、天然ウランが含む^{235}Uはわずか0・7%、残り99・3%は^{238}Uです。ところが、現行の原子炉の燃料として使うことができるのは少ない方の^{235}Uだけなのです。そこで、^{235}Uだけを取り出してその濃度を高める必要がありますが、その操作を濃縮といいます。原子爆弾に用いる場合には90%程度に濃縮しなければなりませんが、原子炉燃料の場合には数%程度といわれます。

❷原子核反応

現行の原子炉に使う原子核の反応は核分裂反応ですが、ウランの核分裂反応は枝分かれ連鎖反応になっています。つまり、ウラン原子核に中性子が衝突すると、ウラン原子核は壊れて、その破片(核分裂生成物)と膨大なエネルギーと数個(簡単に2個としておきます)を発生します。

この2個の中性子が2個のウラン原子核に衝突すると合計4個の中性子が発生しま

す。次には8個、その次は16個と、反応は連続的な連鎖反応で進行しますが、その都度反応スケールは2のn乗で枝分かれ的に拡大し、最期は爆発になってしまいます。これが原子爆弾の原理です。

❸制御材

しかし、原子炉がこれでは困ります。連鎖反応が拡大しないためには、1回の反応で発生する中性子の個数を1個に抑える必要があります。つまり、余分な中性子を吸収して間引いてやればよいわけです。この役割をする物質を制御材とよび、ヨウ素I_2やハフニウムHfなどが用いられます。

●連鎖反応

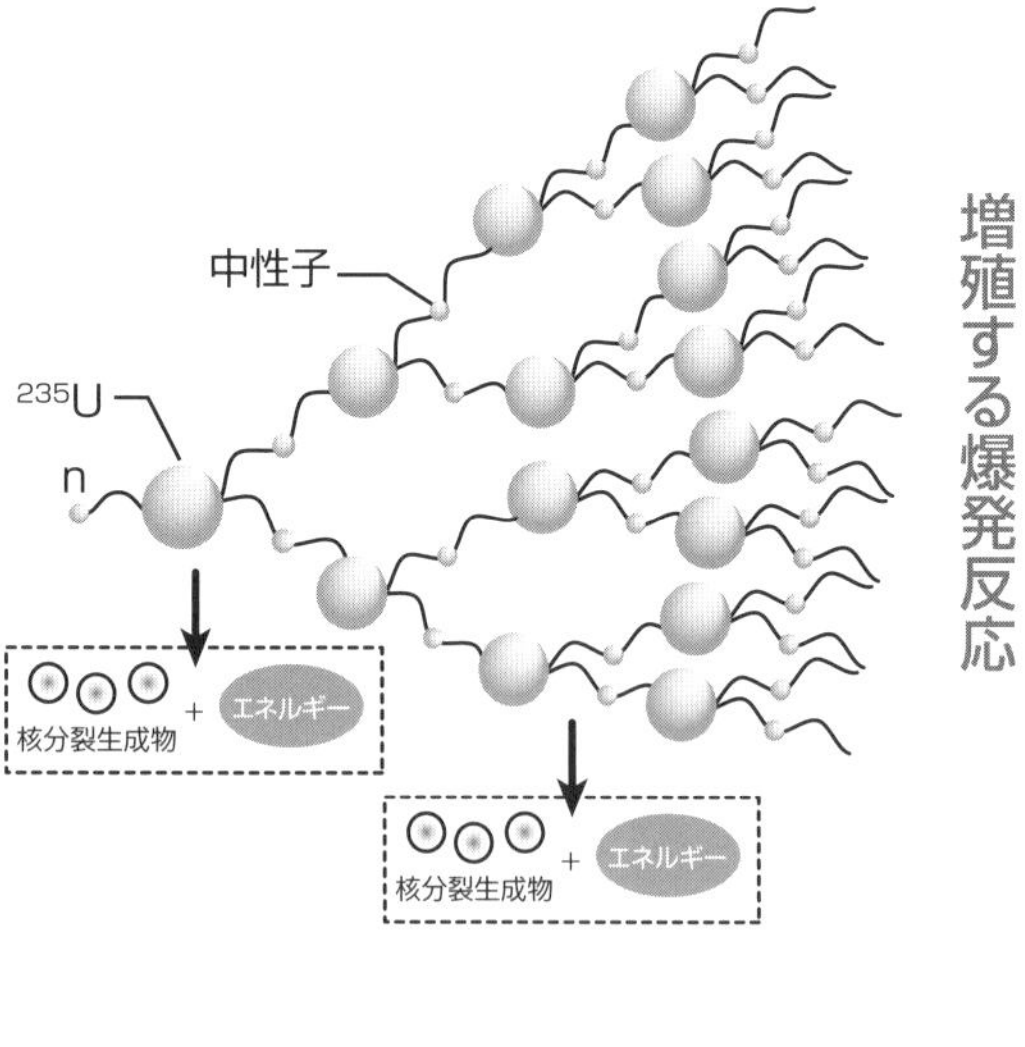

❹ 減速材

核分裂で生じる中性子は大きな運動エネルギーを持っているため、光速の何分の一という高速で飛び回っています。このように高速の中性子は^{235}Uと効率的に反応することはできません。速度を落として低速の熱中性子にする必要があります。そのためには中性子を何かの減速材に衝突させるのが手っ取り早いです。衝突させる相手は、中性子と同じ質量の物が最適です。

そのような物として水素原子核があります。そこで、減速材として用いられるのが水H_2O(軽水)です。

❺ 冷却材

原子炉の用語としては「冷却材」が一般化していますが、ようするに原子炉で発生した熱エネルギーを原子炉の外部に持ち出すものです。簡単に考えれば原子炉の中に水を入れて置き、それを沸騰させて水蒸気を持ち出してタービンにぶつければよいのです。この方法を「沸騰水型」といいます。もう一つは加圧して熱水として炉外に持ち出し、水蒸気発生器で水蒸気をつくるものです。これを「加圧水型」といいます。

原子炉の実際

以上で、原子を組み立てるのに必要なものは出揃いました。図はこれ以上簡単にはできないほどに簡単化した原子炉です。心臓部は圧力容器の中に納まっています。これは厚さ15～30㎝のステンレス鋼を鍛造して作った物です。格納容器は安全のための容器で、厚さ数㎝の鋼板と厚さ数ｍのコンクリートからできているといいます。

中に燃料の入った燃料体を設置し、その間に制御材からできた制御棒を挿入します。深く挿入すれば中性子をたくさん吸うので原子炉の出力は落ちて、やがて消火します。反対に引き抜けば出力はあがります。

●原子炉のイメージ図

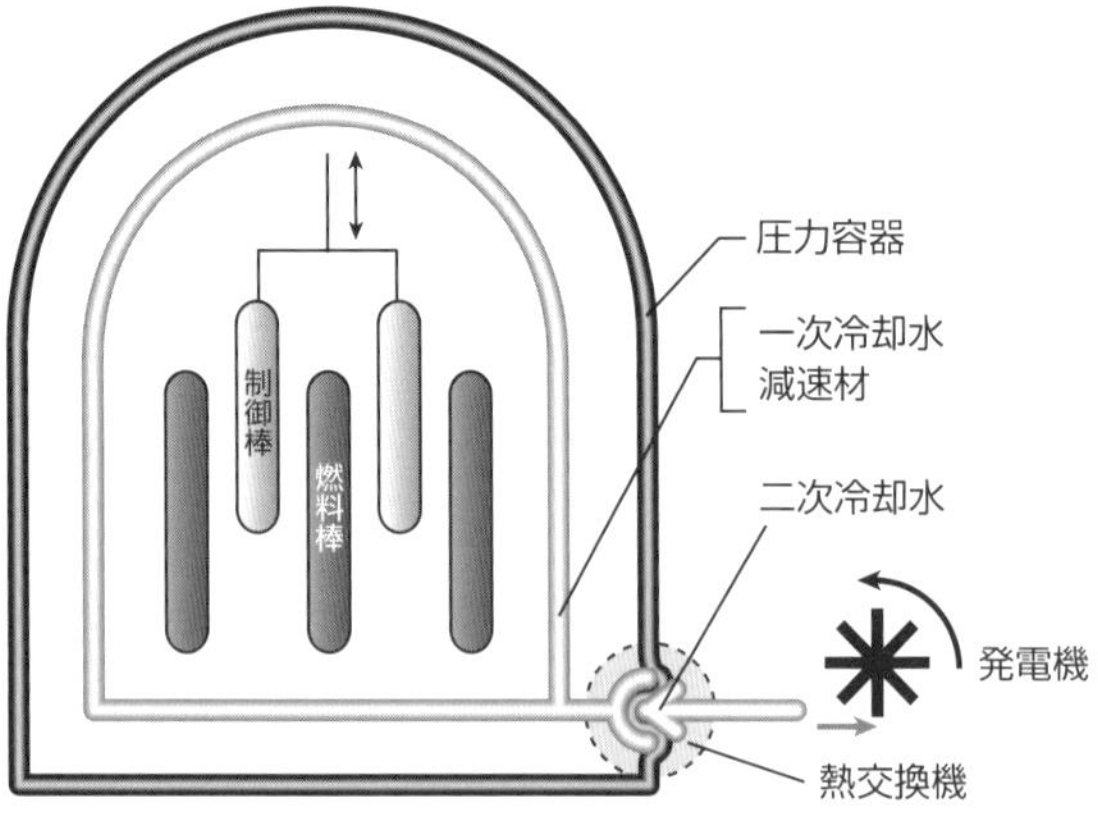

SECTION 29

原子力発電所事故

現行の原子炉は概ね前項までに見たものです。安全には十分に気を配っていたのですが、それでも事故は起きました。原子炉事故は滅多に起きませんが、起きると周辺住民まで巻き込んだ大きな災害になってしまいます。

スリーマイル島事故

事故はアメリカ、ペンシルベニア州の州都ハリスバーグ近郊のサスケハナ川にあるスリーマイル島と呼ばれる中洲に設置された出力96万kWの原子力発電所で1979年3月28日に起こりました。事故当時、原子炉は営業運転開始から3カ月たっており、定格出力の97%で運転していました。

きっかけとなった故障は二次冷却系のパイプに異物が詰まったことでした。この結果、二次冷却系のポンプが停止し、炉心を冷やす一次冷却系の放熱ができなくなり、炉心の温度が上がったため、炉心の安全弁が開き、原子炉内の冷却水が蒸気となって大量に環境に放出されたのでした。

原子炉は自動的に停止措置がとられ、制御棒が差し込まれて原子炉は核分裂を停止しました。しかし、その後も計器の誤作動などが続いたため、運転員も正しい判断を下すことができなくなり、本来ならば炉心に冷却水を注入しなければならないところを、反対に冷却水を絞ってしまいました。この結果、冷却水蒸気の放出、燃料の空焚き状態が続き、ついに燃料の溶融に至ったものでした。

❶ 社会不安

幸いにもこの事故による負傷者は出ませんでした。しかし事故から三日後には炉心から８㎞以内の学校の閉鎖、妊婦、学齢前の児童に対する避難勧告、16㎞以内の住民に対する屋内避難勧告が出され、周辺の住民はパニック状態になりました。この事故は原子炉事故の持つ影響力の大きさを世界に知らしめたものでした。

チェルノブイリ事故

原子炉事故の深刻さを表す指標に国際原子力事象評価尺度（ＩＮＥＳ）というものがありますが、チェルノブイリ事故はその最悪ケースに相当するレベル7と評価された事故でした。チェルノブイリ事故がいかに深刻なものだったのかがわかるというものです。

❶事故

事故は旧ソ連（現在ロシア）で1986年4月26日に発生しました。場所は現ウクライナに建設されたチェルノブイリ原子力発電所でした。原子炉は黒鉛減速の沸騰水型でした。事故当時、ロシアは旧ソビエト政権下であり、情報統制が厳しく、事故の全容は今となっても必ずしも明らかではありません。しかし、いろいろの情報を総合すると、当時原子炉は操業中止中であり、原子炉が止まった場合を想定した実験を行っていました。

❷事故の経緯

実験は出力を20〜30％に絞って行う予定でしたが、1％にまで下がってしまいました。運転員は至急制御棒を引き抜きましたが、7％程度に回復しただけでした。そこで運転員は非常用炉心冷却装置を含む安全装置をすべて解除して実験を再開しました。ところが今度は出力が急上昇したため、制御棒を挿入して緊急停止操作を行いましたが、この原子炉は制御棒を挿入する際に一時的に出力が上がる設計になっていたといいます。そのため、原子炉内の圧力が上昇し、停止ボタンを押した6秒後に爆発したといいます。

❸事故の全容

事故の全容はいまだもって判然としませんが、緊急措置として原子炉を「石の棺桶」と呼ばれるコンクリートで覆いましたが、その工事に動員された軍人だけで3000人が亡くなったとの話もあります。事故以来40年になろうとしていますが、原子炉を覆っていたコンクリートが放射線で劣化したため、もう一度覆いなおす必要があるという話しもあります。安全性の教育不足を含めていろいろの問題が考えられるといいます。

SECTION 30

福島原発事故

日本の原子力発電所は安全を強調し、実際に、これまで大きな事故は無かったと言ってもよいでしょう。新潟県柏崎市の柏崎刈羽原子力発電所の100万kW級の原子力発電所7基は、2007年7月に起きた新潟県中越沖地震(マグニチュード6・8、柏崎市の震度6強)を無事に通り抜けていました。

しかし、東北地方太平洋沖地震は地震のスケールが違っていました。2011年3月11日14時46分、東北地方太平洋沿岸地帯を襲った地震はマグニチュード9・0という巨大なものであり、最大震度は7に達しました。この地震が福島原子力発電所(福島原発)に与えた損害の総額はまだ集計されていないでしょうが、その大半は地震による揺れによって起こったものではなく、津波によって起こった外部電源の喪失によって起こった電力事故によるもののようです。

❶外部電源喪失

自分で発電して電力を発生する発電所が外部から電力をもらう必要があるなどとは自己矛盾のようですが、発電所とはそういうものです。自分が稼動するための電力は外部から導入しなければなりません。福島原発では津波によってこの外部電源をもぎ取られ、非常用発電装置まで津波によって壊されました。そのため、原子炉の冷却装置が働かなくなったのです。

❷冷却問題

原子炉は空焚き状態になり、核燃料は融けてメルトダウン状態になりました。空焚き状態になったのは原子炉だけではありません。使用済み各燃料を冷却保管しておく保管プールも空焚きになりました。そのため、燃料体を包む金属容器が高温になり、そこに水が掛かって水素ガスが発生し、それに火がついて爆発し、放射性物質が周囲に飛散しました。

後背地の山地から降りてくる地下水は原発の地下を通る間に放射線で汚染され、環境に放出するわけにはいかない高レベル汚染水となりました。仕方がないので原発敷地内に大量の巨大タンクを作って貯蔵しましたが、無尽蔵に湧く地下水を貯蔵しきれるものではありません。近々、近海に放出することになるといいます。またもや風評被害が心配される事態になりそうです。

❸フェイルセーフ機能

このように原子炉事故は起こってしまうと、次から次へと波及して、被害は何時果てるともなく広がっていきます。次にまた原子炉を建設しなければならないときには、決して事故を起こさないように、起きても自分の力だけで自動的に収束することができるフェイルセーフの機能を携えるようにしておきたいものです。

SECTION 31

高速増殖炉

高速増殖炉は夢のような原子炉です。核燃料を使って稼働すると、普通の原子炉と同じ様に莫大なエネルギーを生み出すほか、使った分以上の燃料を生み出すのです。ストーブに例えれば、石油タンクに1Lの石油を入れて燃やすと、部屋を暖めてくれた上に、燃料タンクを見ると、石油が2Lに増えているのです。

高速増殖炉の原理

そんな馬鹿なと思うでしょう。しかし本当なのです。原理を見れば、それほど不思議なことでもないことがわかります。問題はウランの同位体^{238}Uです。先に、天然ウランには0・7%の^{235}Uと99・3%の^{238}Uが含まれており、そのうち核燃料になるのは^{235}Uだということをみました。

それでは核燃料に含まれる^{238}Uは原子炉の中でどうなるのでしょう? ^{238}Uは高速中性子と反応して^{239}Uになります。^{239}Uは原子核崩壊反応をおこしてβ線（電子e）を放出して原子番号が1だけ大きくなったネプツニウム、^{239}Npとなります。そしてネプツニウムはさらに電子を放出してプルトニウム、^{239}Puとなります。この^{239}Puが^{235}Uと同じように原子炉の燃料になるのです。これが高速増殖炉の原理です。つまり、非燃料の^{238}Uを燃料の^{239}Puに変えるのです。ですから、結果的に燃料が増えるのです。

つまり、燃料である^{239}Puの周りを燃料にならない^{238}Uで包んだ物を作り、これを原子炉で燃料として使用します。すると中心の

●高速増殖炉

^{239}Pu + n ⟶ 核分裂生成物 + エネルギー + 高速中性子

^{238}U + n ⟶ ^{239}U ⟶(e^-) ^{239}Np ⟶(e^-) ^{239}Pu

非燃料　高速中性子　$t_{1/2}$=24m　$t_{1/2}$=56h　燃料

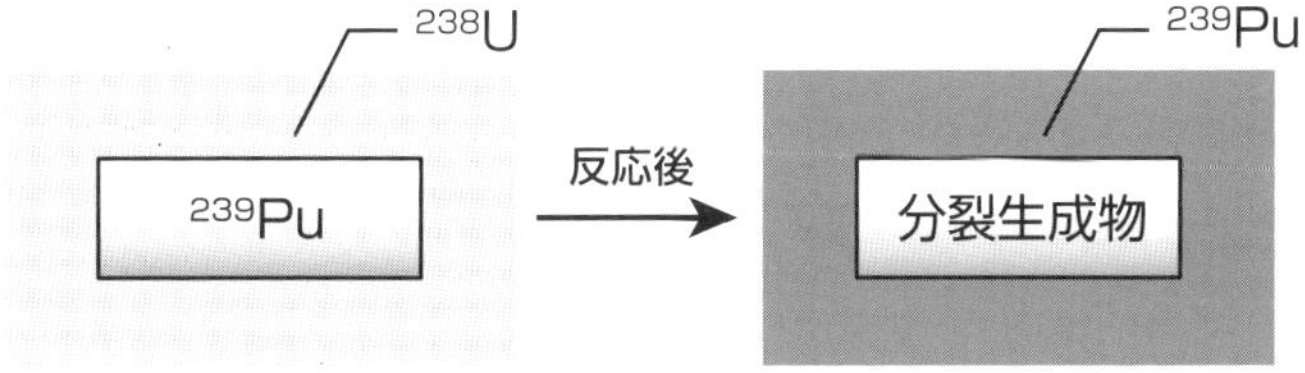

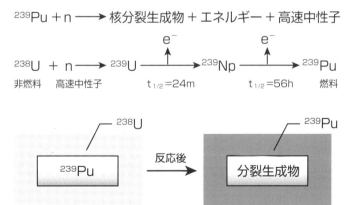

^{239}Puは核分裂を起こし、エネルギーを発生すると同時に高速中性子を発生します。この高速中性子が外側の^{238}Uに衝突し、^{238}Uを燃料の^{239}Puに変えるのです。

^{239}Puの製造

^{239}Puはわざわざ作らなくても、普通の原子炉の中でできています。すなわち、普通の原子炉の燃料に使われるウランに占める^{235}Uの割合は数%に過ぎず、残り95%ほどは^{238}Uなのです。これが原子炉の中で減速前の高速中性子と反応して、いわば原子炉の副産物として使用済み核燃料の中に存在しているのです。使用済み核燃料から^{239}Puを分離する操作を抽出といいます。

長崎に投下された原子爆弾がそうであったように、^{239}Puは原子爆弾の弾薬となります。このようなものを大量に保管すると、原子爆弾を作る意図があるのかと疑われかねませんし、万が一テロリストの手にでも渡っては大変なことになります。

プルサーマル計画

そのため、抽出した^{239}Puは早いところ燃料として使うのが得策です。効果的な使い方は高速増殖炉で用いることです。しかし高速増殖炉はまだ開発途上です。そこで行われているのがプルサーマル計画です。

これは^{235}Uの燃料棒の中に^{239}Puを混ぜて一緒に燃やしてしまおうというものです。技術的には問題が無いものといわれています。

高速増殖炉の問題点

高速増殖炉の問題は冷却材（熱媒体）にあります。高速増殖炉は高速中性子を必要とします。そのため、減速材として働く水を冷却材に用いることができません。それでは何を用いるのでしょうか？

油はCH_2単位の連続したものであり、水と同等か、それ以上に水素を含んでいます。水銀は液体金属であり、原子量も大きいから冷却材として用いられそうですが、問題はその密度(13・6)です。このような鉄の2倍近く重い物体が細いパイプの中を高速で移動したのでは原子炉の機械的強度が持ちません。

そこで用いられるのがナトリウムNaです。Naは原子量23、密度0・97であり、水より軽い金属であり、融点は98℃であり、水の沸点(１００℃)では液体です。うってつけの冷却材のように思えます。

しかしNaは非常に反応性の高い金属です。水と反応して水素を発生し、これに燃焼熱の火が着いて爆発します。万が一冷却材が漏れた場合には大きな事故につながる可能性があります。１９９６年に高速増殖炉の実験炉、もんじゅで起こったナトリウム漏れ事故はこのような事故につながる可能性のあるものだったのです。この事故のおかげで日本の高速増殖炉解発計画は大きく狂い、現在もペンディング状態であり、再開発の計画はたっていません。

ウランの可採埋蔵量は70年ほどといわれています。しかしそれは^{235}Uのみを使った場合の計算です。もし^{238}Uも使ったら、単純計算で約１００倍、７０００年ほどに伸びることになります。ロシアでは高速増殖炉の商業運転に成功したといいます。そのうち、多くの国で高速増殖炉が動きだすかもしれません。

SECTION 32

トリウム原子炉

原子炉の燃料に使える物はウランに限りません。今見たプルトニウムも可能ですし、天然界に存在するトリウムThも可能です。

いま、このトリウムを使う原子炉が注目を集めています。

トリウム原子炉の歴史

20世紀中ば、原子炉の可能性について熱い議論が交わされたといいます。その当時、将来の原子炉燃料の候補に挙がったのはウランとトリウムThでした。ウランがよいのか、トリウムがよいのかは意見の分かれるところだったといいます。しかし結果として採用されたのはウランでした。なぜでしょう?

核エネルギーの話には核兵器の話が影のように寄り添います。まして当時は東西両陣営というものが存在し、冷戦なるものが繰り広げられていました。ウランかトリウムかの論戦に断を下したのは軍事的な効用でした。

⚡トリウム原子炉の長所

原子爆弾にはウランかプルトニウムを使います。広島に落ちた原爆はウラン型であり、長崎はプルトニウムでした。プルトニウム型の方が小形にできるといいます。ウラン原子炉が稼働すれば望まなくてもプルトニウムが生産されます。ところが、トリウム原子炉はプルトニウムを生産しないのです。

❶核爆弾の原料

プルトニウム生産を除いて、純粋にエネルギー面での比較を行えばトリウムの方が有利ともいいます。特に現在では核の拡散が問題になっています。核爆弾を持つ国が今より増えたのでは、不測の事態に対処できないというわけです。そのため、使用済み核燃料の再処理によるプルトニウムの抽出、保持、まして使用には各国が神経をとがらしています。

このようなときに、プルトニウム生産に適しないというトリウム原子炉の特徴は長所にこそなれ、短所になることは無いというわけです。

❷トリウム埋蔵量

地殻中に存在する全元素86種類（希ガス元素は地中には存在しません）の存在濃度とその順序を表した指標にクラーク数というものがあります。それによるとウランは53位で濃度は４ｐｐｍです。それに対してトリウムは38位で12ｐｐｍとウランの３倍も多く存在します。38位というのはヒ素（49位）、水銀（65位）、銀（69位）などよりよほど多く存在するということです。

しかも天然トリウムに同位体はほとんど無く、ほぼ１００％が核燃料になるトリウム２３２、^{232}Thというのも大きな利点です。

トリウム原子炉の原理と問題点

トリウム原子炉は核燃料としてトリウム232、^{232}Thを使うものです。しかしトリウムは核分裂を起こしません。トリウム原子炉はどのような原理で動き、どのような問題をはらんでいるのでしょう?

❶トリウム原子炉の原理

^{232}Thは核分裂を起こしません。しかし^{232}Thに中性子を放射すると^{233}Thになり、このものはβ崩壊をしてプロトアクチニウム233、^{233}Paとなり、さらにβ崩壊してウラン233、^{233}Uになります。この^{233}Uが熱中性子によって核分裂を起こし、原子核エネルギーを放出するというわけです。

❷トリウム原子炉の問題点

トリウム原子炉は新しいタイプの原子炉であり、解決しなければならない問題もありますが、実は原型炉はすでに1960年代に数年にわたって安全に稼働していたという実績もあります。今後、各国が本腰を入れたら、実用的な商業炉の開発はそれほど難しくないかも知れません。

本当の問題点はウラン原子炉で完成している現在の原子炉体系、インフラ群の中に新しいコンセプトのものをどのようにして混ぜていくかという、政治的、経済的な面にあるのかもしれません。

SECTION 33

核融合炉

原子核からエネルギーを取り出す反応には核分裂反応とともに核融合反応があります。核融合炉は、この核融合を利用して熱を取り出し、それを用いて発電しようというものです。

星と核融合反応

宇宙は１３８億年前のビッグバンによって創成されたといわれます。その際にできたものはほとんどが水素原子であり、この水素が虚空に散らばって広がり、宇宙を作ったと考えられています。

宇宙に広がった水素の雲にはやがて濃淡ができました。濃いところでは重力が働き、ますます多くの水素を引きつけ、その結果濃縮され、発熱しました。そしてあるとき水素の核融合反応に火が着いたのです。このようにして水素が2個融合してヘリウムになる反応が進行し、その核融合エネルギーで光り輝いているのが恒星であり、太陽なのです。

核融合炉に用いることのできる核融合反応はいろいろありますが、現在最も有力と考えられているのは重水素^{2}H(D)と三重水素^{3}H(T)を反応させるDT反応です。しかし、三重水素は自然界にはほとんど無く、しかも放射性で危険な物質です。そこで、この三重水素をも核融合炉で作ることにします。すなわち、リチウムLiと核融合で発生する中性子を反応させて三重水素を作るのです。

●核融合発電施設のイメージ(トカマク型)

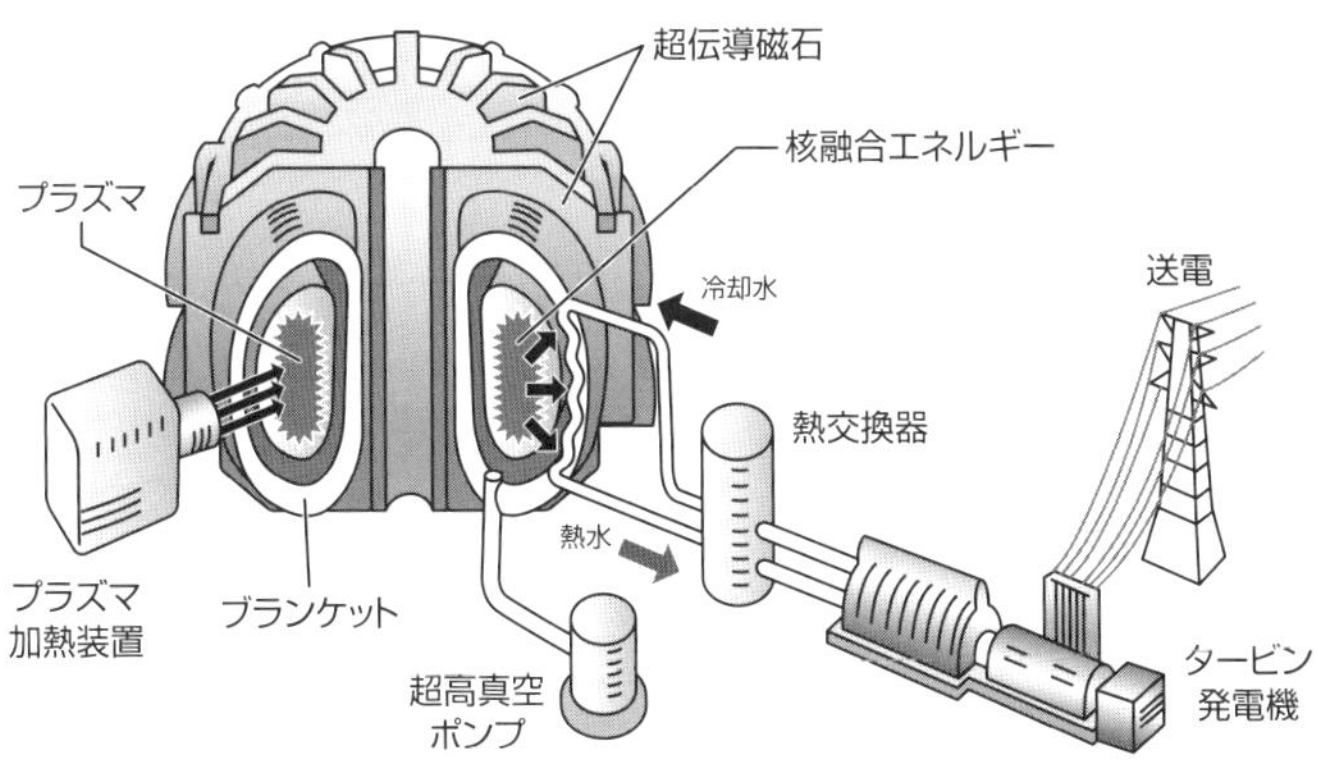

核融合炉の原型も数種類研究されていますが、現在成果を上げているのは日本などが開発したトカマク型といわれるものです。ここでは原子から電子を取りはずして、原子核と電子の集合体にします。このような状態をプラズマといいます。その後、この原子核が衝突して核融合が始まり、核融合エネルギーが放出されます。しかしそのためにはプラズマが高い運動エネルギー(熱、温度)を持ち、高密度の状態を一定時間維持しなければなりません。

そうでないと、その条件を維持するために外部から加えるエネルギーと、その結果放出されるエネルギーが釣り合いません。要するに支出が収入以上になるのです。これが釣り合う条件を臨界プラズマ条件といい、温度1億℃以上、密度100兆個/㎤以上、持続時間1秒以上とされています。努力の甲斐あって、この条件は2007年に達成されました。現在、温度は1億2千万℃を達成しています。

核融合炉は人工の太陽です。これが実用化したら、人類はエネルギーの心配をすることは無くなるといわれます。しかし研究は半世紀以上にもわたって懸命におこなわれており、一定の成果を上げていますが、実現はまだ先のようです。

Chapter. 7
電気と磁気

SECTION 34

電子と磁気モーメント

電気と磁気は違いますが、電気が無ければ磁気は発生しません。現代社会は磁気の上に成り立っています。コンピューターの記憶関係はもとより、電車に乗るのもカードにある磁気記憶のおかげです。

ここでは磁気と電気の関係と、磁気の本質について見てみることにしましょう。

磁性

磁石になる性質、磁石に吸い付く性質などを磁性といいます。磁性を持つ物を磁性体、持たない物を非磁性体といいます。

物質が磁性を持つ原因はいろいろありますが、多くは電子の運動によるものです。一般に電荷を持つ物が回転すると磁気モーメントが発生します。電子は電荷を持ち、しかもスピンしていますから、電子が存在すれば磁気モーメント、つまり磁性が現れることになります。磁気モーメントの向きは電子スピンの向きによって決まります。自転方向が反対になれば、磁気モーメントの向きも反対になります。

原子を構成する電子は可能な限り2個で電子対を作り、互いに逆スピンをしています。したがって、磁気モーメントの方向が逆になり、互いに相殺されて0になります。そのため、分子に磁性が現れるためには対にならない電子、不対電子の存在が条件となります。

普通の有機物は共有結合でできており、分子内の全ての電子は電子対を作っ

●電子スピンと磁気モーメント

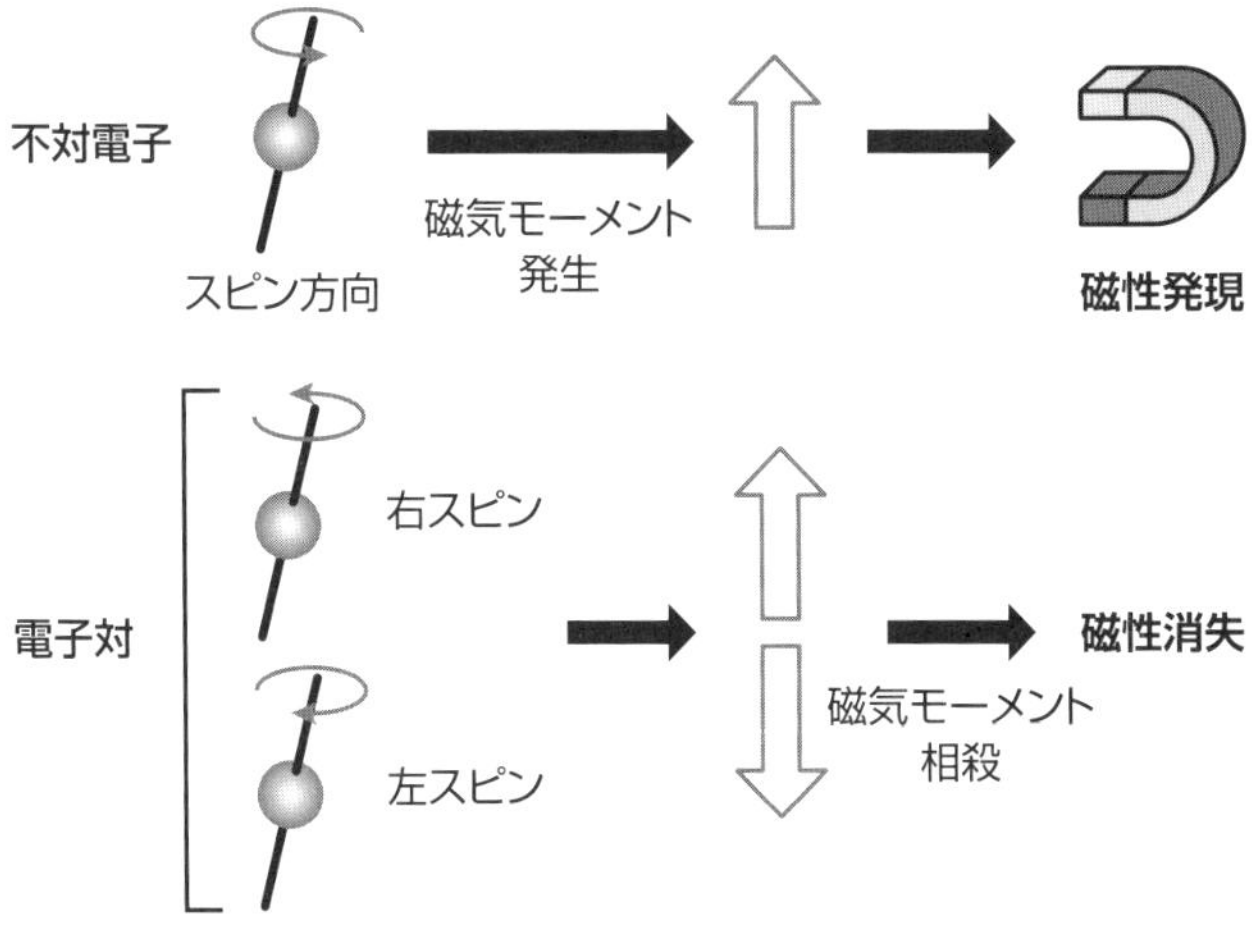

ているので磁気モーメントは0となり、非磁性体です。

磁気モーメントと磁性の種類

物体の中には磁気モーメントの単位がたくさんあります。この単位磁気モーメントがどのように配列されるかで、物質全体としての磁性が決定されます。

❶常磁性体

磁気モーメントは無秩序な方向を向き、物質全体としての磁気モーメントは相殺されてしまいます。しかし、磁石などによる外部磁場が加わると磁気モーメントが一定方向に規

●磁気モーメントの配列

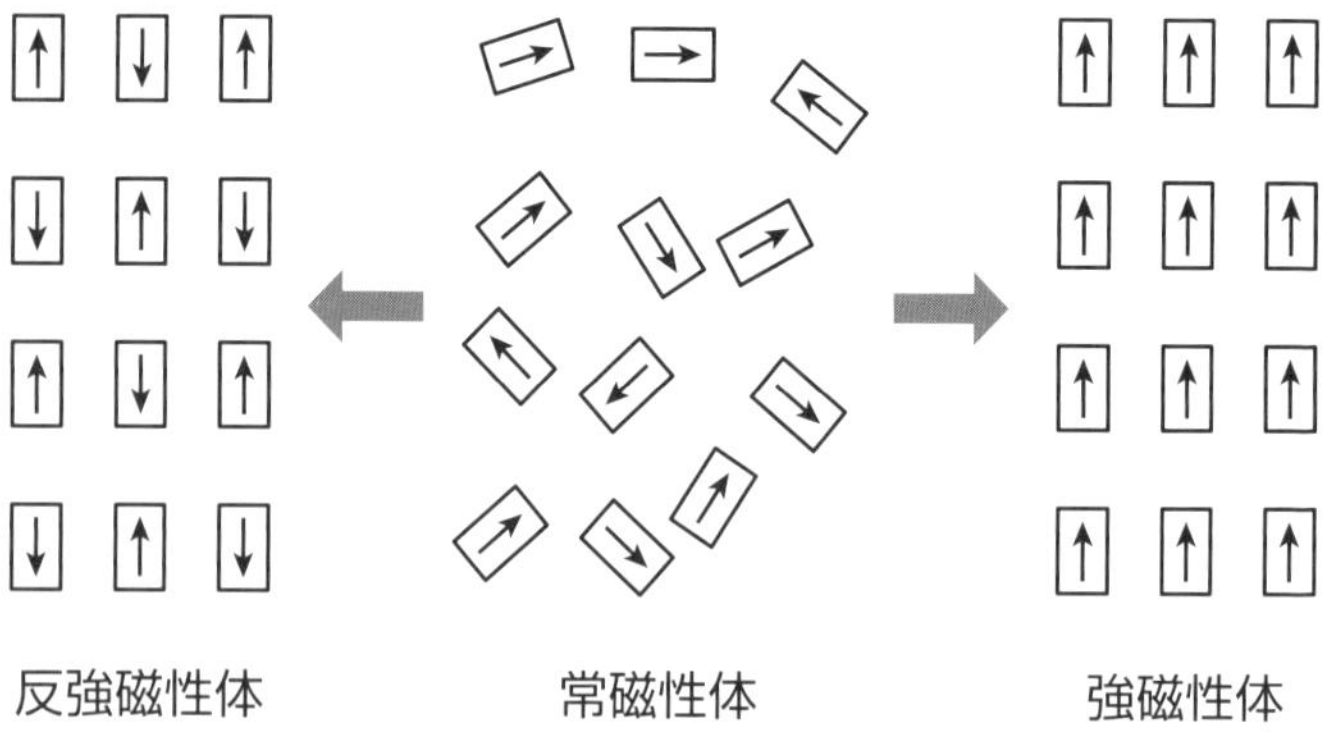

制されるため、磁性が現れます。鉄や酸素などがこの例です。

❷ 強磁性体

全ての磁気モーメントが同じ方向を向いて並び、強い磁性が発現します。永久磁石がこの状態です。ただし、加熱すると磁気モーメントの方向は乱れて常磁性体になります。

❸ 反強磁性体

磁気モーメントが反対向きの対を作ります。磁気モーメントは相殺されてしまい、磁性は現れません。しかし加熱すると常磁性体になります。

SECTION 35

磁化ヒステリシス

現代文明にとって磁石は欠かせないものです。磁石はどのようにして作られるのでしょうか。

磁化ヒステリシス

図は常磁性体に外部磁場Hを加えた時、常磁性体に現れる磁性の強さ（磁化M）を表したものです。

変化は原点のOから始まります。外部磁場Hの増加とともに常磁性体に現れる

●常磁性体に現れる磁性の強さ

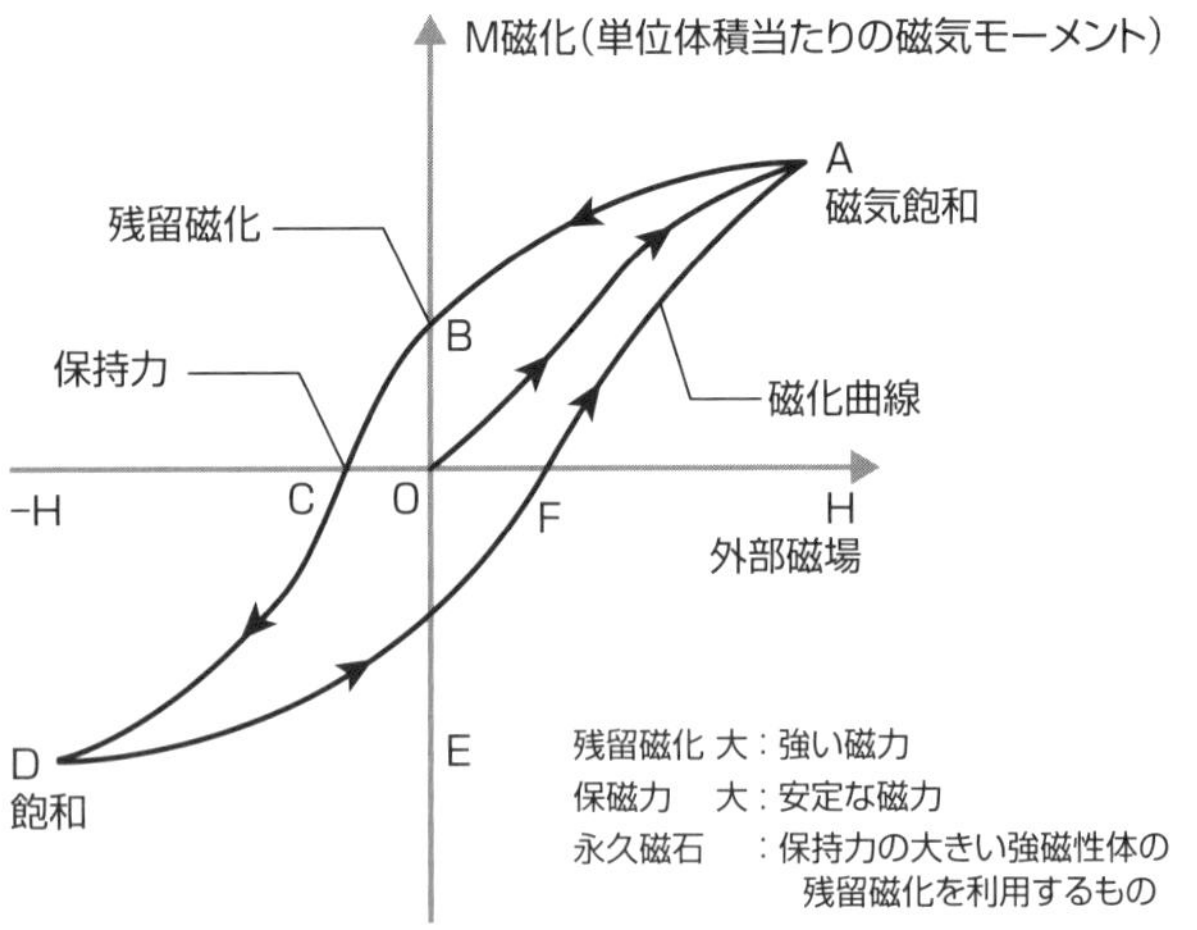

Mも増加していきます。しかし点Aで飽和に達し、それ以上Hを増加してもMは増加しなくなります。これを磁気飽和といいます。

Aに達した後にHを減少させます。するとMも減少しますが、そのルートは0からAに至ったときのルートとは異なります。このように、行きと帰りのルートが異なる現象を一般にヒステリシスと呼びます。

永久磁石

ヒステリシスの結果、外部磁場の無い状態、すなわちH=0になっても常磁性体には磁化Bが残ります。これを残留磁化といいます。これがつまり、永久磁石の強さになります。Bの大きい磁石が強力な磁石ということになります。

次に外部磁場を逆向きにして加えていきます。Mは減少していき、ついに磁場Cになって$M=0$となります。これは永久磁石の磁力を消すには反対向きの磁場Cを加えなければならないことを意味します。つまりこれは永久磁石の安定性を表していることになります。

さらに反対方向の外部磁場を強めると、常磁性体は、今度は反対方向に磁化され、ーのMが現れて、やがて磁気飽和に達します。Hを減少するとH＝0で逆向きの残留磁化Eに達し、その後は原点を通ることなく、Fを通ってAに戻るというわけです。

このように、優れた永久磁石を作るためには残留磁化Bと保持力Cの大きいことが条件となることがわかります。

SECTION 36 有機磁性体

ここまでわかったように、電子を持っている物質は磁石になる可能性があります。してみれば、有機物も磁石、有機磁性体になる可能性があることになります。有機磁性体を作るにはどうすれば良いのでしょうか？

不対電子の発生

有機分子においては全ての電子は電子対を構成しています。そのため、全ての磁気モーメントは対となって相殺して0となっています。このような有機分子に磁性を持たせるためには人為的に不対電子を作ってやる必要があります。そのためには次のような方法があります。

① 電気的に中性の有機分子Rから1個の電子を取り去って陽イオンR^+とする

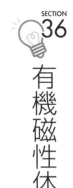

② 電気的に中性の有機分子Rに1個の電子を加えて陰イオンR^-とする
③ 適当な結合を切断して2個のラジカルR・とする

不対電子の安定化

有機磁性体を作るためには、有機分子に不対電子を持たせなければなりません。不対電子を持たせるには前項で見たような各種の方法があり、難しいことではありません。問題はこれら、不対電子を持った有機分子の安定性です。安定に存在しない磁性体では実用になりません。

有機磁性体の例

このような考察の結果、創り出されたのが図1の分子です。グラフは、この分子の置換基Rを変えた場合の磁気モーメントの温度依存性です。置換基がCH_3の場合には温度低下につれて磁気モーメントは減少を続け、ついには0になってしまいます。これは温度を下げると反強磁性相互作用が強くなり、ついには全ての電子が対をつくってしまった、つまり磁性が消えてしまったことを意味します。

それに対してC_4H_9の場合には温度が低下しても安定であり、ついに液体ヘリウム温度で強磁性相互作用が現われています。有機磁性体の完成です。

●図1の分子

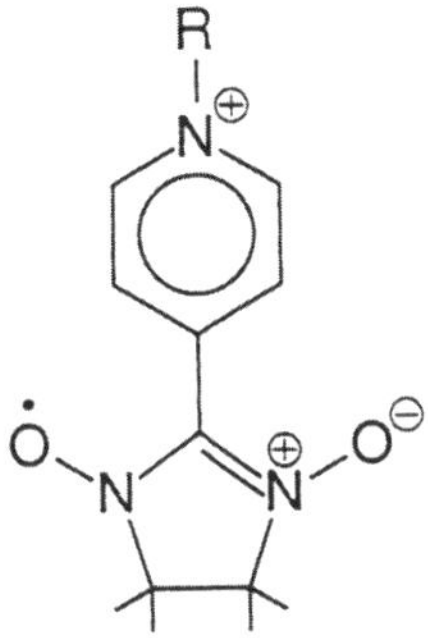

●有機磁性体の磁気モーメントの温度依存性

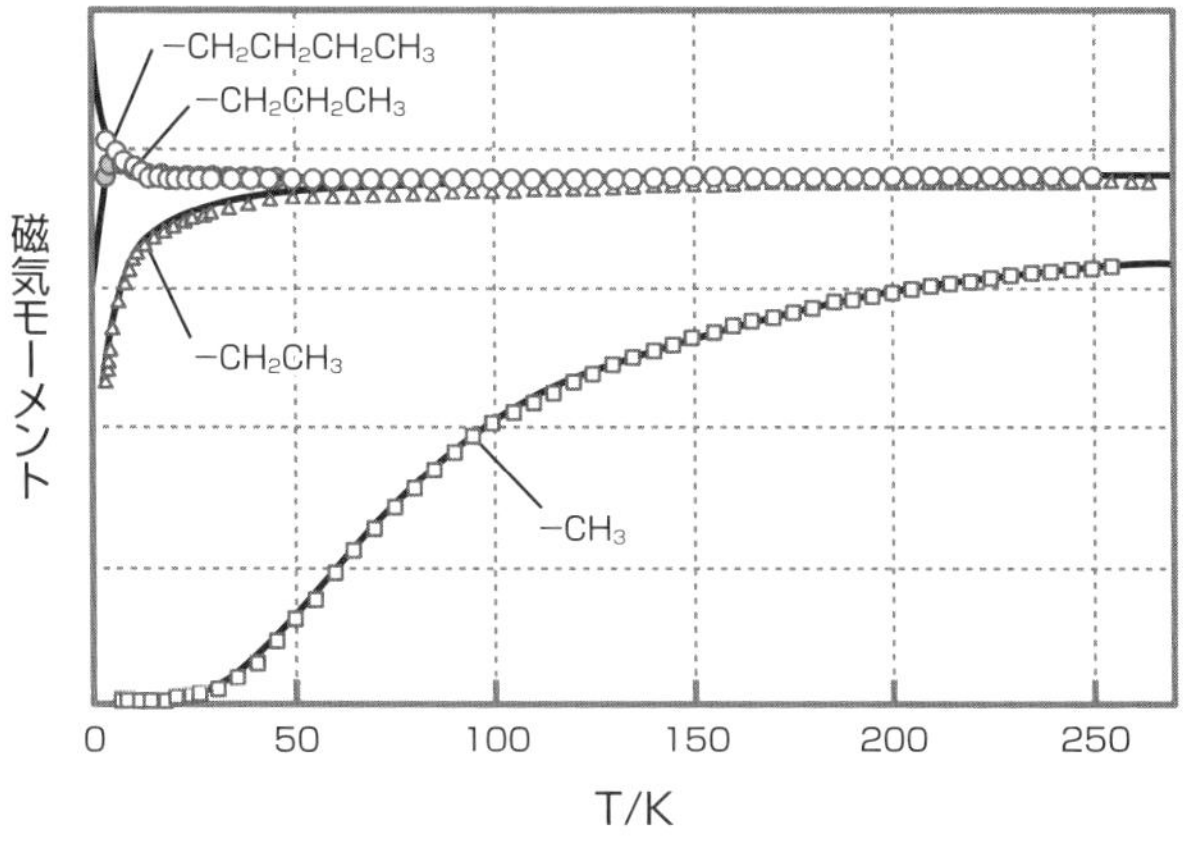

SECTION 37

地球磁場

地球は1個の巨大な磁石です。磁石ですから北極と南極があり、それは現在の地図にある地球の北極、南極とほぼ一致していますが、一致しているのは、たまたまの偶然にすぎません。地球の歴史から見ると、地球の磁石としての極は地図上の極の位置に対して、数年から数百年という、割と短い期間で目まぐるしく変化することが知られています。

その正確な原因は不明ですが、地球内部にある内殻という部分の回転が影響していると言われています。ということは、この内殻の回転がマントルの回転、つまり溶岩流の対流を引き起こし、それが地表の温度変化につながり、地球上に氷河時代や間氷期などの温度変化をもたらしているのかもしれません。

オーロラ

地球上で観察される磁気の関与した壮大なドラマはオーロラです。オーロラは、簡単に言うと太陽から飛んできた電気を帯びた粒子(プラズマ)が上空の大気と衝突した時に引き起こされる放電現象のことです。

●オーロラ

❶ 地球大気の構造

地球上の大気は、地表に近い下から順に、対流圏・成層圏・中間圏・電離圏という4つの領域に分類され、大気の組成はそれぞれの高度で異なります。オーロラが現われるのは高度80～600㎞程の電離圏という領域で、電離圏には主に窒素分子(N_2)、酸素分子(O_2)、酸素原子(O)などが存在しています。

太陽で、フレアなどのエネルギー放出現象が起こると、太陽風に乗ってプラズマが地球まで運ばれ、大気圏に突入します。このプラズマが電離圏に存在する窒素分子・

酸素分子・酸素原子などと衝突して発光したものがオーロラです。だから電離圏で発生するというわけです。

つまり、オーロラができるには「太陽風プラズマ」と「大気」の衝突が必要ということです。太陽風は地球全体に当たるのですから、オーロラは地球のどこででも見えるはずと思われます。しかし実際にオーロラをよく観測できるのは、北欧、カナダの北部、アラスカなど北極域を取り囲むベルト状のエリア（オーロラオーバル）に限られます。

❷磁気圏の影響

これは地球という磁石の持つ磁気の影響です。地球の周りには、「磁気圏」と呼ばれる磁場があり、これが太陽風に対してバリアとして働き、太陽風が地球に対して害を与えるのを防いでいます。つまり、このバリアのおかげで、プラズマは地球表面に到達することができないのです。ただし、この磁気圏も太陽風の影響全てを防ぐことができるというわけではありません。この結果、プラズマは、次の2つの経路で地球に到達します。

①**磁気圏にぶつかった太陽風の一部は、進路を変えて南や北に向かい、極域の隙間か**

ら地球に侵入します。

② 一部の太陽風のエネルギーは、地球の夜側にある磁気圏尾部という領域に蓄えられ、夜側から地球にエネルギーを運びます。

そのため、この限られた領域でオーロラが観測されるというわけです。図を見ると北だけでなく、南にも太陽風が到達していることがわかります。歴史的には京都でオーロラが見えたという記録もあります。オーロラは北だけでなく、南でも同じように発生しています。しかし、あまりそのような話を聞かないのは、南のオーロラオーバル付近に陸地が無く、地上から観測されていないからです。

●太陽風と磁気圏の影響

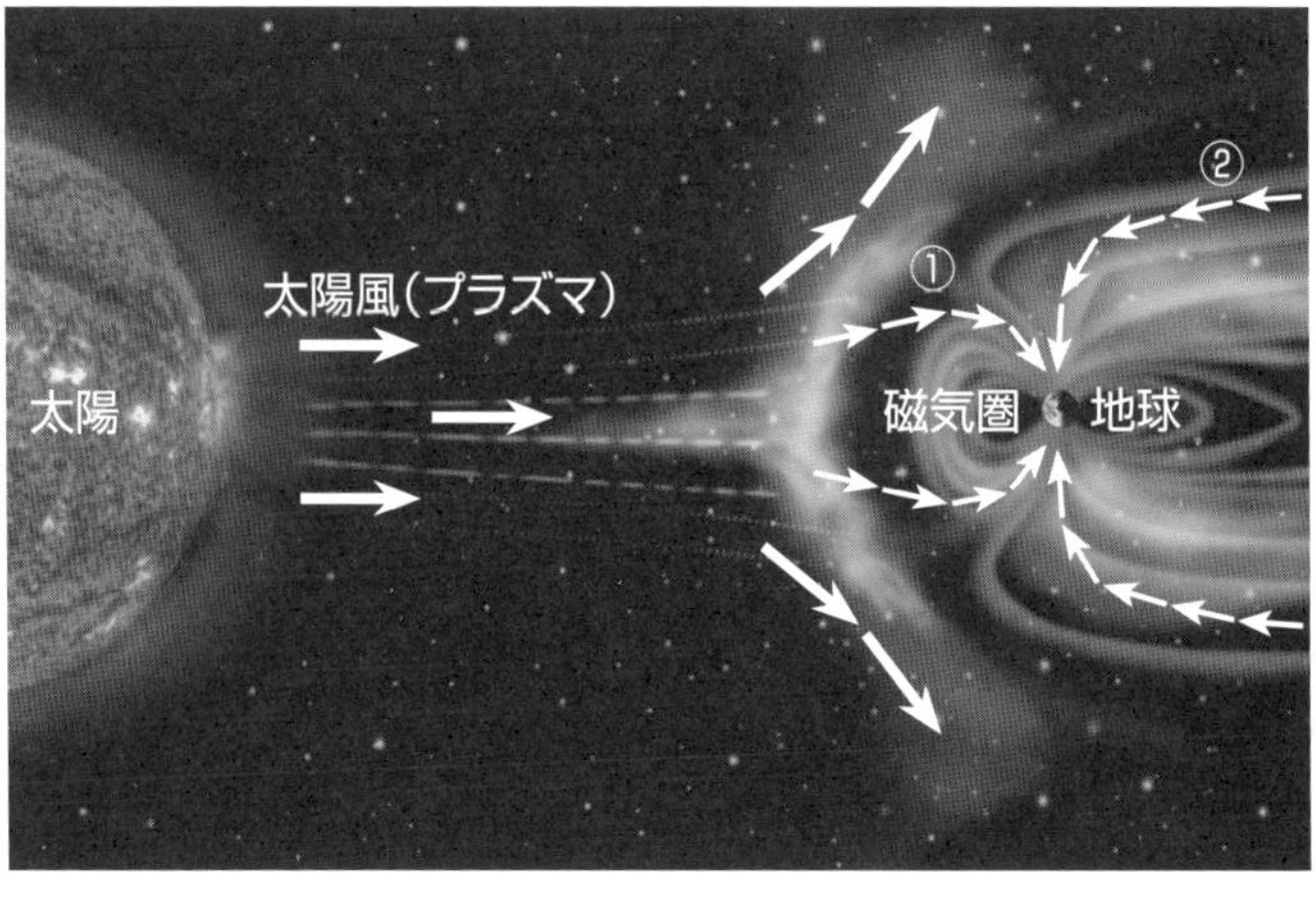

磁気嵐

太陽活動が激しくなり、太陽表面の爆発「フレア」が起きて放出された粒子が地球に届くと、地球上は磁気嵐となって激しいオーロラが観測されます。このような時には、ＩＴ化が進んだ現代社会では、各方面に大きな影響がでます。「太陽風」に地球の磁気バリアが何時間もさらされると「磁気嵐」が発生し、人工衛星のコンピューター内部の磁気関連部位に影響を与え、通信障害などの原因になります。また、地上でも過去には送電施設に大きな影響を与え、大停電を起こすなどさまざまな影響を及ぼしています。

ところが、宇宙にはこの太陽フレアの１００倍から１０００倍も強いスーパーフレアと呼ばれる現象があり、古い樹木の年輪や古文書などの研究から、近代以前の時代に桁外れの規模の「スーパーフレア」によるとみられる超巨大な太陽嵐が何度も地球に襲来していたことがわかってきました。当時は磁気記録もコンピューターも無い時代でしたから実害はありませんでしたが、現代の社会に起きたら大変なことになります。現代社会はこのような超天文学的な現象にまで配慮しなければならないほど脆弱になっているということなのかもしれません。

Chapter. 8
未来の電気技術

SECTION 38

宇宙空間発電

現代社会はエネルギーの上に成り立っています。多くの家庭で使うエネルギーは電気エネルギーが大部分であり、それ以外のエネルギーは、キッチンのガスレンジとお風呂のガス給湯くらいかもしれません。中にはオール電化で全てのエネルギーは電気エネルギーという家庭もあるかもしれません。

電気エネルギーはスイッチ1つでエネルギーが届き、スイッチ1つでエネルギーが無くなります。昔の薪や石炭のように、燃料を運ぶ手間も、燃やした後の燃えがらや灰の始末もいりません。とても便利でキレイなエネルギーです。

しかし、電気エネルギーは自然界から掘ってくるものではありません。電気エネルギーは基本的に人類が自分で発電によって作らなければならないエネルギーです。つまり、電気エネルギーを作るためには他の原料となるエネルギーが必要なのです。そしてその原料エネルギーは昔のエネルギー、つまり、石炭、石油、天然ガスという化石燃料を燃やして得た化学エネルギーなのです。

しかし、化石燃料には燃料枯渇という運命が待っており、人類は何度か、化石燃料がなくなってしまうかもしれないという運命におびえたのでした。原子力エネルギーの導入や、省エネ技術の開発などで、どうにかなりそうだと思ったのも束の間、今度は化石燃料の燃焼に基づく二酸化炭素の発生、その結果の地球温暖化という大問題が襲ってきました。

そこで復活したのが、大航海時代のエネルギー、風力、水力、太陽光のエネルギーでした。人類はこれらを再生可能エネルギーと呼び、将来を託すエネルギーと期待しました。

太陽電池

なかでも期待されたのが太陽光エネルギーを直接電気エネルギーに変換する太陽電池でした。太陽電池は2枚の半導体板、p型半導体とn型半導体を、原子レベルで接合しただけの単純な板であり、可動部分はありません。何もしなくても、太陽光があたれば電気エネルギーを発生してくれます。音も出さなければ、廃棄物も出しません。

可動部分が無いので故障もありません。台風の時に壊されるか、鳥のうんちで曇って太陽光が通らなくならない限り、電気を出してくれます。原則的に修理はありません。必要なのは時々の掃除などのメンテナンスくらいのものです。単位面積当たりの発電量は小さいですが、ゴビ砂漠を太陽電池で覆うことができれば全地球に必要な電気エネルギーを発電できるという試算もあるそうです。

ということで、ここ20年ほど、太陽電池は普及し、家の屋根だけでなく、空き

●砂漠に設置する太陽電池

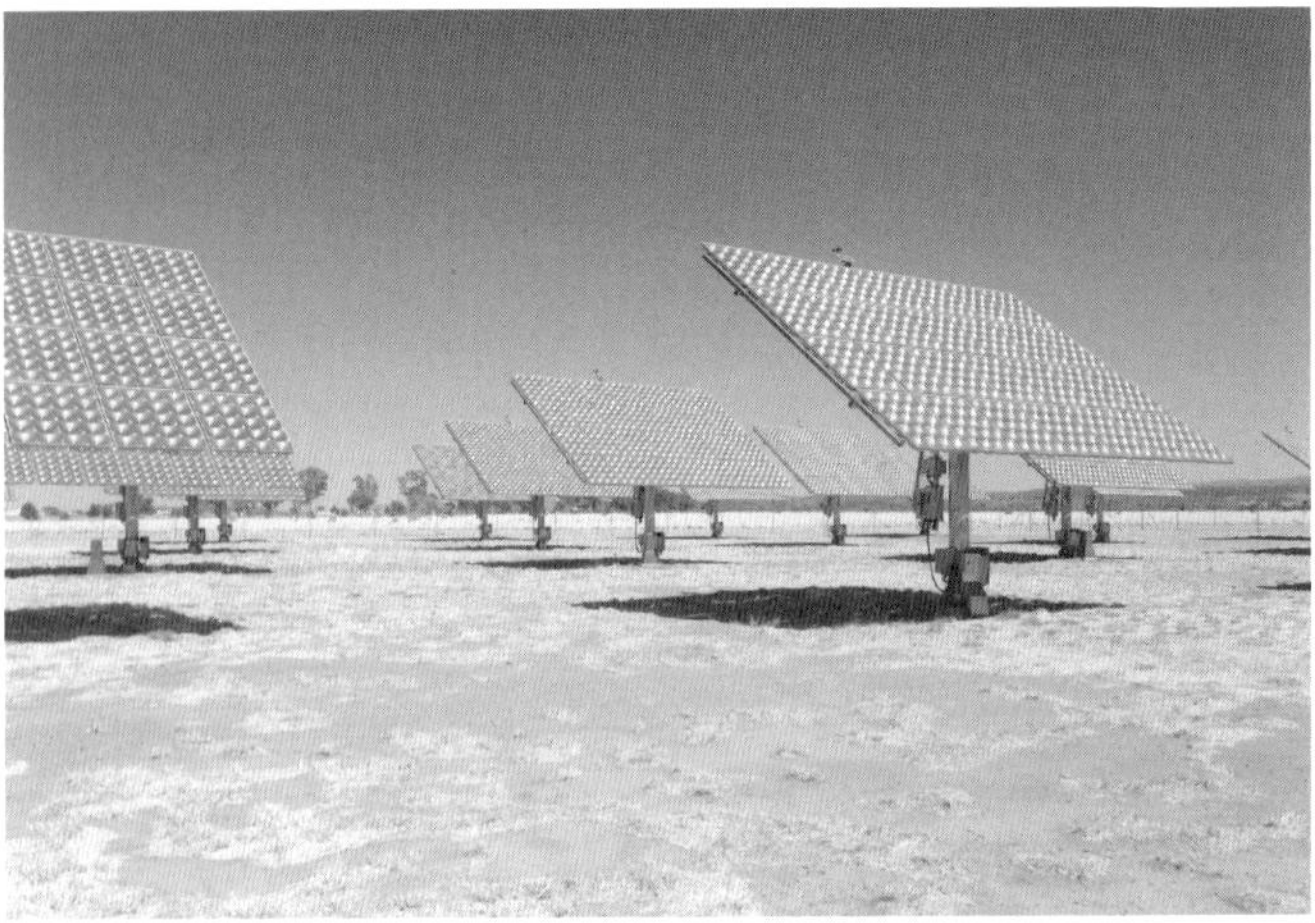

地には大きな面積の太陽電池パネルが敷設されるようになりました。しかし大規模に普及してくると、それなりの問題もでてきます。一番の不満は、これは最初からわかっていたことですが、発電量が天候に左右されることです。雨の日はもちろん、曇りの日も発電量は落ちます。

大面積の山地を開墾してパネルを設置すると、その部分の吸水力は落ちます。雨は変わらず降り、ふもとに流れ落ちますから、洪水になり、パネル自体が流れて壊れます。台風が強ければ屋根のパネルが飛び散ることもあります。

宇宙太陽電池

というような不都合を解消するために考案されたのが「宇宙太陽電池」です。これは、その名の通り太陽光を専用のパネルに集めて電気をつくる発電方法です。それでは通常の太陽光発電と、宇宙太陽電池は何が違うのでしょうか？

宇宙太陽光発電は、地上ではなく「宇宙空間」で発電を行うというプロジェクトです。要するに広大な面積の太陽電池パネルを宇宙空間に設置し、そこで発電した電力を地球に送るというシステムです。設置と言っても、人工衛星を打ち上げるだけです。宇宙には雲もなければ雨も降りません。

自動制御でパネル面を太陽の方向に向けておけば、24時間、発電し続けます。宇宙の太陽光は、地球と違って、空気分子やゴミによって吸収、反射、分散されることが無いので、地球に届く太陽光より高エネルギーです。その分、発電効率も高くなります。天候による影響も含めると、宇宙での発電量は地球に設置したた場合の10倍になるという試算もあります。

●宇宙太陽光発電衛星のイメージ

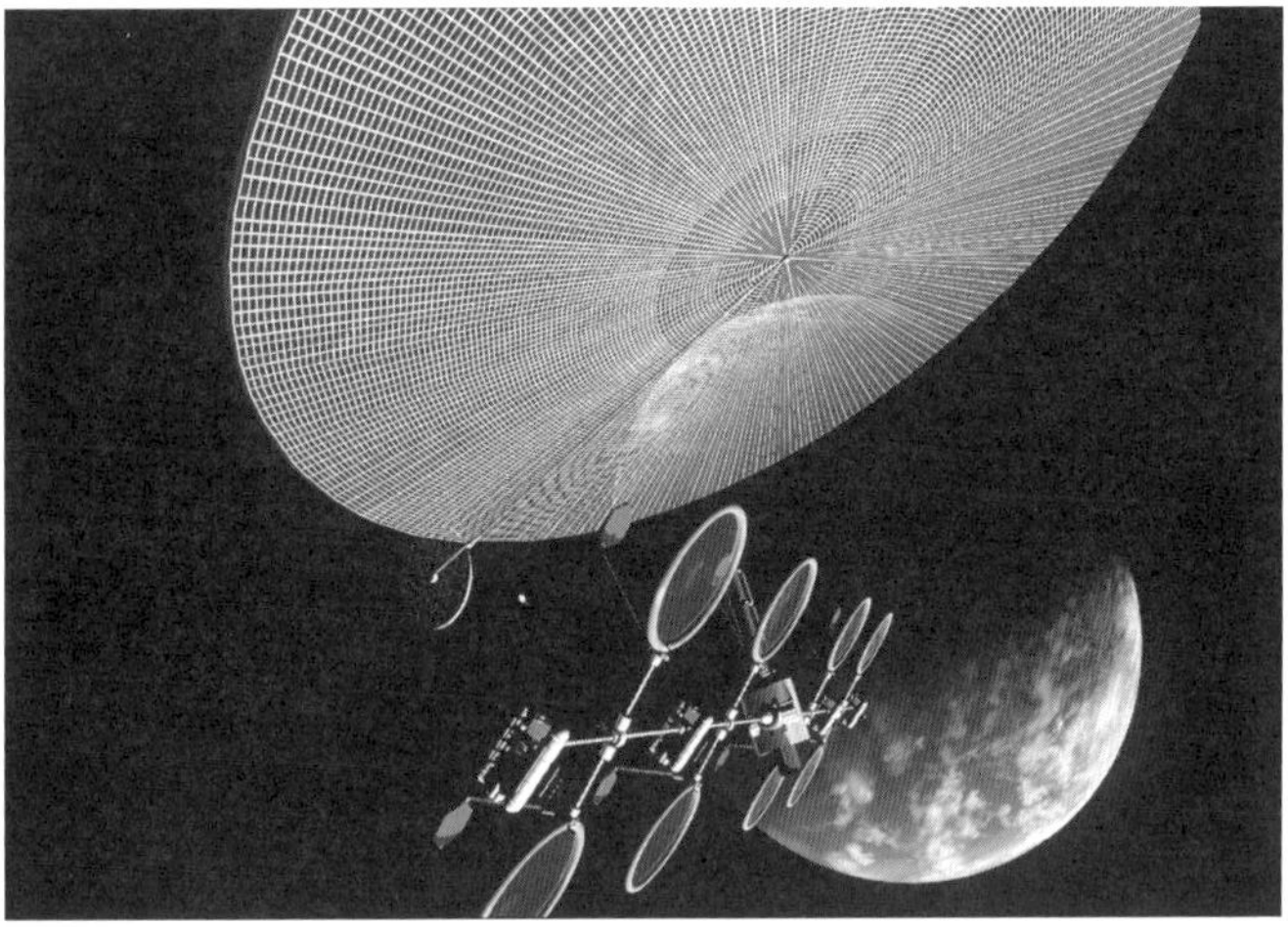

問題点

宇宙空間で発電した場合の問題点はいくつかあります。

❶ 送電方法

一つは技術的な問題で、発電した電力をどうやって地球に送るかという問題です。現在ではカーボンナノチューブという、C_{60}フラーレンを長い筒にのばしたような炭素素材が開発されています。これを撚って糸にし、それを束ねれば非常に丈夫なロープにすることができ、これを利用して人工衛星と地上を結ぶ宇宙エレベーターも可能になるといわれています。

いざとなったら、これを利用して導線にすることも可能でしょうが、もっとスマートで現実的な方法があります。それは、電力をマイクロ波で、無線で地球に送る方法です。小電力、近距離なら、既に実用化されています。あとはスケールアップするだけです。

❷ コスト

次の問題は費用です。巨大な人口衛星を打ち上げるのと同じことになりますから、費用が掛かるのは当然です。現状、最も大きい宇宙構築物は国際宇宙ステーション（ＩＳＳ）です。ＩＳＳの大きさは幅約１００ｍ、質量約３４０ｔで、ロケットを何度も打ち上げて部品を輸送し、軌道上において有人で組み立てて完成しました。

ＩＳＳにはアメリカ、ロシア、日本、ヨーロッパ、カナダの合計５つの宇宙機構が参加しており、各国の２０１０年の支出は、アメリカ（６兆４４００億円）、日本（２０００億円）、ヨーロッパ（２５００億円）、ロシア（自国管轄部分の費用をすべ

●国際宇宙ステーション（ISS）

て負担し、利用権をすべて所有)で、合計すると約19兆3300億円にのぼります。

それではISSより大きいとされる宇宙太陽光発電システム(SSPS)は、どのくらいのコストがかかるのでしょうか? 日本エネルギー経済研究所の試算によると、100万kWのシステム構築の場合、発電パネルの構築コストは2兆3600億円ほどになるそうです。さらに、ロケットによる輸送コストもかかるため、1機の打ち上げが100億円とされるH2Aロケットで輸送すれば、それだけで莫大な金額になります。しかし、日本では地上の太陽光発電稼動率は14~15%で、宇宙での稼動率は90%以上という試算もあり、長期運用を行えば十分にコストを補うことができるとされています。

❸ 宇宙ゴミ(スペースデブリ)

宇宙には、これまでに人類が撃ち上げたロケットの破片などのゴミが漂っています。これらの大小さまざまなゴミは秒速7~8㎞で周回しているため、1㎜のゴミであってもパネルに穴をあけてしまいます。このようなゴミは今後も増え続けていくことは間違いありません。その対応方法は宇宙開発全てにとっても大きな課題の一つとなっています。

SECTION 39

無線電力輸送

私の机まわりもそうなのですが、何個かの照明関係、何個かのパソコン関係、何個かの音響関係で電源コードがオマツリ状態になっています。なんとかスッキリしたいと思うのですが、その都度面倒だと思い、そのままです。電源コードだけでも無くなったら相当スッキリすると思います。それどころでなく、一歩外へ出ると10m置き、いや、短い所は5m置きに高さ20mもありそうな無骨なコンクリート柱が立ち、クモの糸のように電線が張り巡らされています。

電気を送る方法は、電気を通す「導線や電線」の使用が一般的です。日本中に張り巡らされた送電網は、発電所から工場や家庭へ、山を越え、谷を越え、日々電気を送り続けています。その送電網の設置費用、メンテナンスの費用は、発電費用の相当部分を占めているのではないでしょうか？　最近、新しい送電方法として電線を使わない大電力の「無線送電」が注目されています。

無線送電の種類

無線送電にはいくつかの方法が考えられますが、現在のところ、「電磁誘導方式」「磁気共鳴方式」「マイクロ波方式」があります。

❶電磁誘導方式

給電側と受電側の2つのコイルが起こす「磁束」によって送電します。送電電力は数Wから50kW程度で、伝送距離が短く、両方のコイルの位置がズレてしまうと送電の効率が低下します。スマートフォンや電動歯ブラシなどに利用されています。

❷磁気共鳴方式

給電側と受電側の2つのコイルが起こす「磁気共鳴」によって送電します。送電電力は数mWから数kW程度と小さいですが、伝送距離が数メートルと長く、コイルの位置が多少ズレても送電できます。受電トレイや電気自動車への充電システムとして開発が進んでいます。

❸マイクロ波方式

現在、大エネルギーの長距離輸送システムとして注目されている方式で、電気をマイクロ波に変換して送電します。理論上ではGWクラスの大電力の長距離送電が可能です。新しい大規模送電システムとして注目され、技術開発が進んでいます。

マイクロ波方式の方法

大電力を遠隔地へ無線送電できる「マイクロ波方式」はさまざまな研究機関によって開発が進められています。マイクロ波は、波長が10㎝～0・1㎜程度の電磁波の一種で、通信用電波としても利用されています。マイクロ波は、極めて高い指向性があり、雨や雲を透過するため、遠隔地間の送受電に適しています。原理は次の通りです。

①送電ユニットで電気をマイクロ波に変換する
②送電ユニットから「マイクロ波ビーム」を受電ユニットへ飛ばす
③受電ユニットで「マイクロ波ビーム」を受けて、電気に変換する

マイクロ波方式による大電力の無線送電は、これまで送電線の敷設が難しかった場所での活用が見込まれています。現在、開発が進んでいる洋上風力発電では海底ケーブルを敷設することなく送電できるシステムとして大きく期待されています。また、将来的には宇宙空間に設置した大規模太陽電池からの電力輸送に使えるものと期待されています。

問題点

宇宙太陽電池から送電するエネルギー量は100万kWにもなります。現在の設計ではマイクロ波の密度はかなり弱くなるため、人体等への影響はほとんどないと考えられています。しかし、受信システム以外の場所に届くことがないように、システムを制御する研究が進められています。

宇宙空間で実用化した場合には、送電・受電ともに、非常に大きな設計物となるため、寿命を迎えたシステムの廃棄方法や再利用方法も大きな課題のひとつとなっています。

SECTION 40

高温超伝導

室温超伝導体（特別な冷却を必要とせずに電気抵抗ゼロで電気を流す物質）は、日常生活に大転換をもたらす驚異的なテクノロジーです。これが実用化すれば、発熱によるエネルギーロス無しに遠方に電力を送ることができることから、送電網に革命をもたらします。

発熱なしにコイルに大電流を流すことができることから超強力な電磁石、超伝導磁石を作ることができ、その応用は超伝導リニアモーターカーの浮上、あるいは脳の断層写真を撮るＭＲＩの開発、発展などにつながり、その他にも数多くの応用が考えられます。しかし、超伝導体は極低温に冷却する必要があり、重要なテクノロジーですがニッチなテクノロジーとして特殊な用途に限られてきたきらいがあります。

何十年もの間、室温超伝導は永遠に実現不可能かもしれないと考えられてきました。しかし、この5年間、研究室での室温超伝導の実現を目指して世界中で複数の研究グループが競い合っています。

そしてついに、ロチェスター大学研究チームによって最高287・7K（約15℃）の温度で、水素、硫黄、および炭素を含む化合物で室温超伝導を達成したことが報告されました。これまでの最高温度の記録は、2018年にジョージワシントン大学とワシントンD・C・のカーネギー研究所の研究グループが達成した260K（約マイナス13℃）でした。

ただし、これは、これまでの他の記録と同様に地球の大気圧の約250万倍の超高圧力下で達成されたものであり、常圧下で実現するにはまだまだ幾多の研究が必要なものと思われます。

SECTION 41

高速大容量蓄電池

電気エネルギーはあらゆる面で優れたエネルギーですが、決定的な欠点があります。それは貯蔵できないということです。余った電力を貯蔵するための窮余の策として昔は、水力発電所のダム下方の水を電力でダム上方に汲み上げるという方法まで取られたものでした。汲み上げた水を落下させて再度水力発電させるというものです。

蓄電機能のある二次電池、蓄電池もいくつか開発されましたが、いずれも容量は小さく、蓄電に要する時間は長いという欠点を持っていました。しかし、東日本大震災をきっかけに大容量高速蓄電池の必要性が叫ばれるようになりました。

蓄電池にはいろいろの種類があり、これまでにも鉛蓄電池、ニッカド電池（ニッケル・カドミウム二次電池）、リチウムイオン二次電池などが開発、実用化されています。中でも性能が優れているのがリチウムイオン二次電池であり、現在最高の二次電池とされています。

二次電池に期待される性能

自動車の電動化、再生可能エネルギーの一般化に伴う電力の貯蔵問題などを通じて、電池、特に二次電池の需要は今後も高まる一方でしょう。それと同時に電池の性能に対する要求も高まるでしょう。

それでは、そのような電池に要求される性能とはどのようなものなのでしょうか？

それは次のようなものがあげられます。

- エネルギー密度が高い
- 起電力が高い
- 充電・放電効率が高い
- 高速充電
- メモリー効果が無い
- 自己放電が少ない
- 大電流放電が可能

現在のリチウムイオン二次電池も改良を重ねるたびにこれらの性能を改善していま す。しかし、起電力の問題は用いる金属の組み合わせによって決まるものなので、更なる高電圧を望むのなら、リチウム以外の金属を探す必要があり、一段のブレークスルーが必要となりそうです。

理想的な安全性

安全性は非常に重要であり、いかに優れた性能の電池でも安全でないのでは使い物になりません。初期のリチウムイオン二次電池を搭載したノートパソコンから起きた度重なる火災は、リチウムイオン二次電池の安全性に不安の雲をなびかせました。

その後に起こった、これまた度重なるボーイング社の旅客機の不審火災、この原因も多くはリチウムイオン二次電池でした。このようなことがあると、いつかまた、という不安を拭うことはできません。

リチウムイオン二次電池の長所

リチウムイオン二次電池は、誕生してわずか30年ほどなのに、多くの現場で使われており、現代社会にとって無くてはならない電池です。

❶エネルギー密度が高い

リチウムイオン二次電池は、現在実用化されている二次電池の中で最も高いエネルギー密度を誇ります。重量エネルギー密度(100－243Wh/kg)は、ニッケル水素電池(60－120Wh/kg)の2倍、鉛蓄電池(30－40Wh/kg)の5倍です。

❷起電力が高い

これまでの二次電池は電解質の溶媒が水(水溶液)だったため1.5V以上の電圧がかかると水を電気分解してしまいましたが、リチウムイオン二次電池では有機溶媒を使用することで水の電気分解電圧以上の起電力を得ることができました。

公称電圧(3.6－3.7V)は、ニッケル水素電池(1.2V)の3倍、鉛蓄電池

（2・1V）の1・5倍、乾電池（1・5V）の2・5倍です。

❸メモリー効果がない

ニッカド電池やニッケル水素電池では、電気量が残っているうちに充電すると、その後の充電量が減るというメモリー効果が起こります。しかし、リチウムイオン二次電池では、そのようなメモリー効果が無いため、いつでも継ぎ足し充電をすることができます。

❹自己放電が少ない

二次電池を充電したまま使わずに放っておくと少しずつ自然に放電してしまう現象を自己放電といいます。リチウムイオン二次電池の自己放電は月に5％程度で、ニッカド電池やニッケル水素電池の20％に比べて格段に良くなっています。

❺寿命が長い

500回以上の充放電サイクルに耐え、長期間使用することができます。適切に使えば1000回以上も可能です。

❻ 高速充電が可能

リチウムイオン二次電池の充電速度は、一般的な二次電池の場合、3倍の速度で充電が可能な製品も登場しています。

❼ 大電流放電が可能

これまでリチウムイオン二次電池は大電流放電に適さないと考えられていましたが、改良により克服されています。現在では産業用の大型のものでは数百Aの大電流で放電できる製品も登場しています。

リチウムイオン二次電池の短所

このように良いこと尽くめのような電池ですが、残念ながら短所もいくつか指摘されています。

❶無理な充電によるショート

急速あるいは過度に充電すると、正極側では電解液の酸化、結晶構造の破壊により発熱し、負極側では金属リチウムが析出する可能性があります。これにより両極が直接つながり、回路がショートし、最悪の場合は破裂・発火する可能性があります。したがって、充電においては高い精度での電圧制御が必要です。

❷過放電による二次電池の機能の喪失

過放電が起こると正極のコバルトが溶出したり、負極の集電体の銅が溶出してしまい二次電池として機能しなくなることがあります。この場合も、電池の異常発熱につながる可能性があります。

❸有機溶剤の揮発

有機溶剤の電解液が揮発したり、外部的な損傷によって漏えいしたりする可能性があります。この場合、発火事故を起こす恐れがあります。そのため、外部衝撃に対する保護が必要となります。

全固体電池

リチウムイオン二次電池の短所はその多くが安全性に関するものです。そして、その原因は電解質が液体であり、しかも有機溶媒であるということにあります。ということは、リチウムイオン二次電池の弱点を完全に除去するためには、電解質を液体以外のもの、つまり固体にする以外に無いということになります。このようにして研究開発されたのが、固体電解質を用いた全固体電池です。

電解質というのは、電池化学反応で生じるイオンが移動する媒体であり、これまでの常識では液体以外には考えにくいものでした。それを固体にするというのですから、化学者の頭を切り替えるほどの発想の転換が必要でしたが、関係者の努力のおかげで二種類の固体電解質が開発されました。

一つは一般に酸化物型といわれるもので、セラミックスを用いたものであり、もう一つは硫化物型といわれるイオウ化合物を用いた物です。酸化物型はセラミックスだけに、加工に高温を要し、加工中に電極を痛める可能性や電解質と電極の密着性に問題があるなどの弱点があるようです。

それに対して硫化物系では高温を要しないので加工性に優れ、電極との密着性にも優れていますが、水に触れると猛毒の硫化水素H_2Sが発生する可能性があるという問題があります。

いずれの形式も改良を重ねており、近いうちに流通するものと見込まれています。もし、全固体電池が安価に大量生産可能となったら、現行の全ての電池は全固体型に推移されるものとみられ、その時には電池の発火現象、あるいは液漏れ現象などが無くなり、電池はさらに使いやすい、便利で安全なものとなることでしょう。

SECTION 42

スマートシステム

電気はどこの家庭でも等しく大切で、無くてはならないエネルギーです。それは各家庭の問題にとどまりません。地域、町、あるいは市などの行政単位を超えて共有すべき汎用エネルギーです。このようなエネルギーの貯蔵、使用を1個人単位で考えて良いものでしょうか？　このような考えから出てきたのが電気エネルギーのスマートシステムです。

生産量の一括管理

地域全体にとって価値あるものなら、その扱いは地域全体で考えたほうが良いのではないでしょうか？　つまり、電気エネルギーの供給、消費、貯蔵を地域全体で考えるのです。その際に重要なのは、地域全体としての電気エネルギーの生産量、使用料、そしてその残量です。

生産量とは、中央の発電所からその地域に送られた電力量の他に、その地域で個人的、あるいは公的に生産された電力です。つまり、各家庭で生産した太陽電池による発電量、あるいは個人ごとのベランダ風力発電、あるいは庭園におけるバイオ発酵によるエネルギー、さらには、公的に行った発電所の廃温水などによる低温発電、このような発電量を全部一括管理します。そして、各家庭で過剰発電になった電力は、各家庭の電気自動車、あるいは蓄電池の中にためておきます。

消費量、貯蔵量の一括管理

すると、天気の良い日は太陽電池による発電量が多く、反対に天気の悪い日には太陽電池は少ないが、その分、風力発電量が多いというようなことがわかるはずです。

そこから各家庭での電力消費量を差し引けば、地域全体として、どれだけの電力が地域に余っているかがわかります。それを勘案して中央の発電所の発電量を操作し、足りなければ自動車などの蓄電池から電力をとりだすのです。

このように各家庭、施設の発電量、同じく貯蓄電力量を一括管理したら、一カ所に巨大な蓄電池を設置する必要はなくなり、必要以上の発電を行って貯蔵に困るということも無くなるでしょう。まさしく電力のスマート管理です。近い将来、電気エネルギーはこのような管理方法に移行していくのではないでしょうか？　電気エネルギーは個人の自由裁量に任せておくには、あまりに大切で重要なものです。

原子核……12, 57
原子番号……57, 146
原子力電池……90
原子力発電……145
高速増殖炉……158

さ行

最外殻電子……60
再生可能エネルギー……121
細胞膜……84
雑踏発電……142
酸化……92
三重結合……30
残留磁化……177
磁化ヒステリシス……176
磁気嵐……186
磁気共鳴方式……197
磁気圏……184
磁気飽和……177
磁気モーメント……172
自己放電……206
磁性体……172
室温超伝導体……200
質量数……58, 146
シナプス……82
充電……104
自由電子……21, 24
常磁性体……174
状態変化……27
シリコン太陽電池……125
神経細胞……80
神経伝達物質……81
振動数……18
水素結合……67
水素原子核……149
水力発電……123, 136
正極……96
制御材……148
静電引力……60, 65
正電荷……48
静電気……12
静電気誘導作用……72
静電現象……13
赤外線……18
絶縁体……20, 22
遷移……16
全固体電池……112, 209

た行

帯電列……13

英数字・記号

π結合……30
σ結合……30
C_{60}フラーレン……40
K殻……58
L殻……58
M殻……58
n型半導体……126
pn接合……126
p型半導体……126
TCNQ……36

あ行

圧電素子……142
イオン化傾向……93
イオン化列……94
イオン結合……22, 65
イオン濃淡電池……78
一次電池……100
一重結合……30
陰イオン……64
宇宙太陽電池……191
運動エネルギー……24, 60
永久磁石……177
エタノール発酵……140
塩橋……99
オーロラ……183

か行

加圧水型……149
海洋温度差発電……127
化学結合……63
化学電池……90
可逆反応……105
核分裂反応……147
核融合炉……169
化合物太陽電池……127
可視光……18
価電子……60
還元……92
乾電池……90
基底状態……17
強磁性体……175
共役二重結合……32
共有結合……22
局在π結合……33
金属イオン……91
金属結合……21
雲放電……72

光エネルギー…… 124
非局在π結合…… 32
非磁性体…… 172
風力発電…… 123
負極…… 96
沸騰水型…… 149
負電荷…… 48
プラズマ…… 170
プルサーマル…… 161
フレア…… 186
分極…… 97
分子膜…… 86
分離積層型…… 38
放電…… 102
放電現象…… 183
ポリマー電池…… 110
ボルタ電池…… 95

ま行

マイクロ波方式…… 197
膜電位…… 87
味覚…… 87
味蕾…… 86
無線送電…… 196
メタン発酵…… 139
メモリー効果…… 206

や行

有機磁性体…… 180
有機太陽電池…… 127
有機超伝導体…… 35
有機電解液…… 110
有機伝導体…… 34
有機溶媒…… 114
陽イオン…… 64
陽子…… 58, 146
溶融食塩…… 23

ら行

落雷…… 72
離散量…… 54
リチウムイオン電池…… 90
量子数…… 53
両親媒性分子…… 84
良導体…… 20
臨界温度…… 27
励起状態…… 17
冷却材…… 149
連続量…… 54
太陽電池…… 90, 125, 189
太陽風…… 184
大容量高速蓄電池…… 202
ダニエル電池…… 98
ダム発電…… 136
蓄電池…… 118
地熱発電…… 131
中性子…… 58, 146
潮汐発電…… 134
超伝導磁石…… 28
超伝導状態…… 27
抵抗率…… 20
電圧…… 15
電解質…… 96
電荷移動錯体…… 35
電気陰性度…… 64
電気ウナギ…… 74
電気自動車…… 114
電極…… 96
電子…… 12, 57
電子殻…… 16, 58
電子供与体…… 37
電磁石…… 28
電子スピン…… 173
電磁波…… 18
電磁誘導方式…… 197
伝導率…… 20
電波…… 18
電流…… 15, 21
同位体…… 146
導電性高分子…… 30
ドーパント…… 20
土星モデル…… 49

な行

鉛蓄電池…… 90, 101
二次電池…… 101, 203
二重結合…… 30
二分子膜…… 86
熱エネルギー…… 124
熱振動…… 24

は行

パイエルス転移…… 38
バイオマスエネルギー…… 137
廃熱発電…… 141
波長…… 18
波浪発電…… 128
反強磁性体…… 175
半導体…… 20, 25

■著者紹介

齋藤《さいとう》 勝裕《かつひろ》

名古屋工業大学名誉教授、愛知学院大学客員教授。大学に入学以来50年、化学一筋できた超まじめ人間。専門は有機化学から物理化学にわたり、研究テーマは「有機不安定中間体」、「環状付加反応」、「有機光化学」、「有機金属化合物」、「有機電気化学」、「超分子化学」、「有機超伝導体」、「有機半導体」、「有機EL」、「有機色素増感太陽電池」と、気は多い。執筆暦はここ十数年と日は浅いが、出版点数は150冊以上と月刊誌状態である。量子化学から生命化学まで、化学の全領域にわたる。著書に、「SUPERサイエンス 「腐る」というすごい科学」「SUPERサイエンス 人類が生み出した「単位」という不思議な世界」「SUPERサイエンス 「水」という物質の不思議な科学」「SUPERサイエンス 大失敗から生まれたすごい科学」「SUPERサイエンス 知られざる温泉の秘密」「SUPERサイエンス 量子化学の世界」「SUPERサイエンス 日本刀の驚くべき技術」「SUPERサイエンス ニセ科学の栄光と挫折」「SUPERサイエンス セラミックス驚異の世界」「SUPERサイエンス 鮮度を保つ漁業の科学」「SUPERサイエンス 人類を脅かす新型コロナウイルス」「SUPERサイエンス 身近に潜む食卓の危険物」「SUPERサイエンス 人類を救う農業の科学」「SUPERサイエンス 貴金属の知られざる科学」「SUPERサイエンス 知られざる金属の不思議」「SUPERサイエンス レアメタル・レアアースの驚くべき能力」「SUPERサイエンス 世界を変える電池の科学」「SUPERサイエンス 意外と知らないお酒の科学」「SUPERサイエンス プラスチック知られざる世界」「SUPERサイエンス 人類が手に入れた地球のエネルギー」「SUPERサイエンス 分子集合体の科学」「SUPERサイエンス 分子マシン驚異の世界」「SUPERサイエンス 火災と消防の科学」「SUPERサイエンス 戦争と平和のテクノロジー」「SUPERサイエンス 「毒」と「薬」の不思議な関係」「SUPERサイエンス 身近に潜む危ない化学反応」「SUPERサイエンス 爆発の仕組みを化学する」「SUPERサイエンス 脳を惑わす薬物とくすり」「サイエンスミステリー 亜澄錬太郎の事件簿1　創られたデータ」「サイエンスミステリー 亜澄錬太郎の事件簿2　殺意の卒業旅行」「サイエンスミステリー 亜澄錬太郎の事件簿3　忘れ得ぬ想い」「サイエンスミステリー 亜澄錬太郎の事件簿4　美貌の行方」「サイエンスミステリー 亜澄錬太郎の事件簿5［新潟編］　撤退の代償」「サイエンスミステリー 亜澄錬太郎の事件簿6［東海編］　捏造の連鎖」「サイエンスミステリー 亜澄錬太郎の事件簿7［東北編］ 呪縛の俳句」「サイエンスミステリー 亜澄錬太郎の事件簿8［九州編］ 偽りの才媛」（C&R研究所）がある。

編集担当：西方洋一 ／ カバーデザイン：秋田勘助（オフィス・エドモント）

SUPERサイエンス
「電気」という物理現象の不思議な科学

2023年7月24日　　初版発行

著　者　　齋藤勝裕

発行者　　池田武人

発行所　　株式会社　シーアンドアール研究所
新潟県新潟市北区西名目所 4083-6（〒950-3122）
電話　025-259-4293　　FAX　025-258-2801

印刷所　　株式会社　ルナテック

ISBN978-4-86354-421-5 C0054

落丁・乱丁が万が一ございました場合には、お取り替えいたします。弊社までご連絡ください。